中國勞動關係學院 CHINA UNIVERSITY OF LABOR RELATIONS | 学术论丛

灾害监测预警技术及其应用

矿山排土场典型分析

TECHNOLOGY AND APPLICATION OF DISASTER MONITORING AND EARLY WARNING

TYPICAL ANALYSIS OF MINE DUMP

谢振华　幸贞雄　著

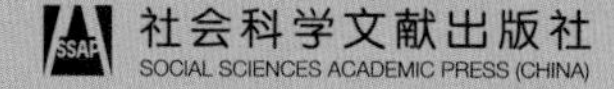
社会科学文献出版社
SOCIAL SCIENCES ACADEMIC PRESS (CHINA)

目录
CONTENTS

第一章　概述

1.1　矿山排土场灾害

排土场又称废石场，是指矿山采矿排弃物集中排放的场所，是一种巨型人工松散堆积体。超过一定高度的排土场形成重大隐患，当排土场受大气降雨或地表水的浸润作用后，场内堆积材料的稳定状态会逐渐恶化，进而发生滑坡、泥石流，危及矿山和周围群众安全。

我国排土场安全方面存在的主要问题有：设计不规范，以前我国一直沿袭苏联时期的设计模式，不经过任何安全及稳定性评价，直接圈出占地，给出堆高等，给安全和环境留下隐患；大量占用耕地，且大多位于有一定居民区及大量耕地的区域，威胁下游安全；普遍堆置较高，存在灾害隐患；大多数没有设置安全监控设施，安全预警和控制技术落后。

矿山排土场灾害类型主要有滑坡、泥石流、环境污染。

1. 排土场滑坡

排土场滑坡是排土场灾害中最为普遍、发生频率最高的一种，按其产生机理又分为排土场与基底接触面滑坡、排土场沿基岩软弱层滑坡和排土场内部滑坡三种类型。这三种滑坡类型机理基本相同，但产生的原因有所不同，概括起来，排土场滑坡原因大致有5种。

（1）建设初期设计及建设考虑不周。有些联合企业在矿山基建初期，往往缺乏富有矿山生产经验的基建管理决策人员。排土场建设质量的重要性在一开始就未能引起足够重视，排土场工程地质勘探和规划设计等涉及排土场建设质量的许多重要方面被忽视。加之过分关注矿山建设进度，在排土场投用前没有对其底部的软弱层进行清理或清理不彻底，这就给排土场滑坡埋下了隐患。

（2）生产中排土没有严格按照设计要求组织排土作业。初期排土场底部排弃的疏水性块石厚度不够，或在生产的某一时期，进行岩土混排，从而人为地在排土场内部形成了软弱面。该面的物理力学强度低，随着排土场废石堆积高度增加，当某一弱面的剪应力超过其抗剪强度时，便会沿此弱面发生滑坡。这种滑坡的治理难度较大，常规做法是对排土场稳定性进行重新验算，修正排土场技术参数或者在排土场的坡底修筑挡土墙进行工程拦截。

（3）排水设施不健全。导致排土场滑坡的另一重要原因是大气降雨和地表水对排土场的浸润作用，排土场初始稳定状态发生改变，稳定性条件迅速恶化。排土初期，排土场为三元介质体，排土场的物质由固体颗粒、空气和附着水三部分组成，中后期随着排土场的下沉，岩石孔隙间的空气便被挤压出来，空隙缩小、被充填，形成二元介质体，排土场便逐渐稳定下来。如果在暴雨时，排土场排水不及时，大量的地表水便汇入排土场，雨水渗入内部后，排土场原来的平衡状态便会发生变化，排土场充水饱和，一方面增加了排土场重量，另一方面又降低了排土场内部潜在滑动面的摩擦力，造成排土场滑坡。

（4）人为因素。目前我国尤其是农村的环保意识和法制观念还有待进一步提高，滥采滥挖现象比较普遍，有的村民在靠近排土场的坡底和两侧进行采石、取土活动，削弱了排土场的底部抗剪力和两侧的阻挡力；此外，临近排土场的爆破震动效应对排土场稳定性的影响也不容忽视。上述危害排土场安全的工程活动达到足够强度时，也有可能引起排土场滑坡。如石灰石矿云中寺排土场坡底的个体采石场，如果其工作面继续向前扩展，极有可能引发滑坡灾害。

（5）其他不可抗力因素。排土场滑坡除了设计、施工和生产管理方面的原因外，有时不可抗力因素也会造成排土场滑坡，譬如地震、海啸以及大暴雨等。

2. 排土场泥石流

排土场泥石流从成因上一般分为水动力成因泥石流和重力成因泥石流。水动力成因泥石流是大量松散的固体物料堆积在汇水面积大的山谷地带，在动水冲刷作用下沿陡坡地形急速流动。重力成因泥石流是吸水岩土遇水软化，当含水量达一定量时，便转化为黏稠状流体。矿山排土场泥石流多数以滑坡和坡面冲刷两种形式出现，即滑坡和泥石流相伴而生，迅速转化，难以截然区分，所以分为滑坡型泥石流和冲刷型泥石流。矿山工程中前期的表土剥离、筑路开挖的土石方以及露天开采剥离的大量松散岩土物料，都给泥石流的发生提供了丰富的固体物料来源。另外大多数矿山排土场建在山沟里，使得排土场的汇水面积较大和具有较大的沟床纵坡，在集中降大到暴雨的情况下，便有可能发生排土场泥石流。

3. 排土场环境污染

矿山排土场作为矿山开采中收容废石的场所，其中必然存在大量的细微固体颗粒。无论是哪种排土工艺，在卸土和转排时，都会产生大量的灰尘，随风四处飞扬，不仅影响作业人员的身体健康，而且对排土场周围造成危害，污染空气和农作物，影响庄稼的质量和收成。排土场一般都处在较高的位置，随着风力的加剧，污染范围也会扩大。此外，排土场因水土流失造成的水系污染对生态环境的影响也很大。

1.2 矿山排土场监测技术研究现状

通过对国内矿山排土场现场调研以及文献分析，目前大坝、尾矿库、排土场等边坡监测系统主要有：坡面的大地测量（经纬仪、水准仪、测距仪等），全球定位系统（Global Positioning System，GPS）监测，红外遥感监测，合成孔径雷达干涉测量，全站仪监测，钻孔测斜仪、锚索测力计和水压检测仪，声发射监测等。

目前，我国露天矿山排土场边坡监测系统应用很少，在少数几个矿山主要采用GPS进行监测，如紫金山金铜矿、鞍千矿业有限责任公司等，监测指标较少，不能全面、及时反映排土场的安全状况。露天矿山排土场滑坡监测可参照露天矿山采场和尾矿库监测系统，如表1－1所示。

表1－1　国内主要采场边坡及尾矿库监测系统

典型监测系统	系统特色及功能
基于GPS位移自动监测技术的露天矿采场边坡或排土场边坡滑坡在线监测系统	综合运用通信、信息、电子及计算机技术，对边坡位移的监测数据进行自动、连续采集，实现实时传输、分析、管理及预警功能
北斗露天矿边坡监测系统	全球导航卫星系统（Global Navigation Satellite System，GNSS）由空间部分、地面监控部分和用户接收机三部分组成，能实时、连续地提供时间、三维位置和速度等信息，实现授时、定位和导航功能。GNSS亚毫米级变形监测系统用于野外结构体变形自动化监测，可对水利水电大坝坝体及边坡、桥梁结构、地表沉降、滑坡等地质灾害全天候监测预警
尾矿库在线监测系统	运用传感器技术、信号传输技术、网络技术、软件技术等，实时监测尾矿库及坝体安全相关的各项技术参数，分析尾矿库的安全状况，为尾矿库的安全运行和应急处置提供科学指导和辅助决策。系统具有自动预警功能，能通过短消息及时通知矿山安全生产管理人员和负责人。监测系统的监测内容主要有尾矿库坝体位移、变形、坝体浸润线、渗流、库内水位、干滩长度、干滩高度、库区降雨量、安全视频等

排土场灾害监测系统的发展方向是采用自动测量技术、计算机技术和通信技术，构建监测、采集、传输、网络为一体的监测预警系统，可以实现多种监测设备的集中式、一体化管理，为边坡安全状况的现地监控、异地监视预警提供方便、快捷、高效的服务。

1.3 矿山排土场灾害预警方法的研究现状

矿山排土场灾害预警方法的研究相对较少，可以借鉴地质灾害预警、滑坡气象预警方法。

1.3.1 地质灾害预警方法

地质灾害是自然和人为导致地质环境或地质体发生变化，并给人类和社会造成危害的灾害事件。如崩塌、滑坡、泥石流、地裂缝、地面沉降、地面塌陷、岩爆和坑道突水等。

地质灾害预警方法主要有以下5种。

1. 现象监测预报法

地质灾害的发展、破坏、衰亡与生物圈各种物种演化一样，都有累积到渐变的过程，有灾害孕育期、灾害成长期和灾害发生期。对于累积性灾害，在一定时间里灾害地质体均有明显的宏观变形，如地形变形迹、地声、动物异常、地下水宏观异常等宏观前兆，可以通过观测这些现象来预报。中国曾用这种方法成功预报了宝成线须家河滑坡。目前，常用的变形监测预报法也是基于宏观前兆的原理。变形监测一般包括地表变形监测和深部变形监测。

2. 数理统计预报法

随着人们对地质灾害研究的不断深入和计算机科学的发展，对地质灾害的研究开始定量化。各种数理统计方法相继被引入地质灾害问题的研究中，如单体型灾害预报中应用的回归分析、聚类分析、灰色系统理论、模糊数学，区域型灾害预报中的临界降雨量预报法、递进分析理论、层次分析法等。

3. 非线性系统理论预报法

由于地质灾害体变形、演化规律的非线性和内外因素相互作用的非线性，地质灾害成为一个复杂多变的非线性系统。地质灾害的发生是在一种确定性一般规律的基础上，由于受到外部因素的影响而变为一种随机规律。非线性系统科学中崭新的思维方法和理念为地质灾害预报提供新的突破点。应用非线性理论在地质灾害方面的研究很多，如非线性动力学模型（神经网络法）、分形分维预报理论、时间序列预报理论、突变理论预报模型、细胞自动机模型等灾害预报方法。人工神经元网络方法是目前被广泛应用的方法。运用人工神经元网络的方法可以避免传统方法中的主观性和假设条件，但需要适量的训练样本。

4. 地球内外动力耦合法

这种方法目前主要用于区域尺度的灾害预报。地质灾害是地球内外动力共同作用的结果，在地球内动力系统活跃地区，以外动力作用为主的地质灾害在不同程度上受到内动力作用的影响。在地球内动力系统活跃地区，外动力又是地质灾害的诱发因素。因此，应将地球内外动力作用耦合并建立统一的地质灾害动力学模型和评价预测模型。

5. 各种方法与3S技术的集成

3S技术是遥感技术（Remote Sensing，RS）、地理信息系统（Geography Information System，GIS）和全球定位系统（GPS）的统称，是空间技术、传感器技术、卫星定位与导航技术和计算机技术、通信技术相结合，多学科高度集成的对空间信息进行采集、处理、管理、分析、表达、传播和应用的现代信息技术。

1.3.2 区域降雨型滑坡气象预警方法

2003年6月1日，国土资源部与中国气象局启动了降雨型突发地质灾害的预警预报工作，开创了我国区域降雨型滑坡气象预报预警的先河，取得了明显的社会效益。目前，全国31个省（区、市）也相继开展了此项工作。采用的方法归纳如下。

1. 地貌分析——临界降雨量模板判据法

应用地貌分析法，根据地形地貌格局、气候分带、地层岩性、地质构造、地质环境条件和降雨型滑坡、泥石流等地质灾害的发生情况进行预警区域划分。对每个预警区域的历史滑坡泥石流事件和降雨过程的相关性进行统计分析，建立每个预警区域的滑坡、泥石流灾害事件与临界过程降雨量的相关关系数值模型，确定滑坡、泥石流事件在一定区域暴发的不同降雨过程临界值（上限值、下限值），作为预警判据。结合地质环境、生态环境和人类活动方式、强度等指标进行综合判断，对未来24小时降雨过程诱发地质灾害的空间分布进行预报或警报。地貌分析法划分预警区域是一种定性评价分析方法，该方法需要经验丰富的地质灾害专家才能得出可靠的结论。

2. 气象——地质环境要素叠加统计法

根据地质概念模型，选取综合参数法（专家打分法、层次分析法）、信息量法、模糊综合评判法、人工神经网络法等方法，针对降雨型滑坡、泥石流灾害的空间评价预测，开发基于GIS的预警分析系统；利用预警分析系统，实现不同评价预警因子图层的叠加分析，形成滑坡、泥石流灾害气象预警区划图。

3. 地质灾害致灾因素的概率量化模型

该方法认为，地形地貌、地层岩性、地质构造三大因素对地质灾害的发生起主导作用。首先根据经纬网对区域进行单元网格的划分，然后计算每个单元网格致灾因素的概率值。

地质灾害气象预报预警模型是以单元危险性概率值（H）为基础，与降雨诱发地质灾害的发生概率进行耦合，得出某一降雨范围内地质灾害发生的概率。

地质灾害发生概率模型为：

$$T = \alpha \cdot H + \beta \cdot Y \tag{1-1}$$

式中，T——预报概率；

H——单元危险性概率；

Y——降雨因素的发生概率；

α——单元危险性概率占地质灾害发生概率权重；

β——降雨诱发地质灾害的权重系数。

4. 地质灾害预报指数法

该方法是云南省开展地质灾害气象预警时所采用的方法。云南省地处青藏高原东缘，地震活动频繁，气象预报预警模型为：

$$W = \begin{cases} KRZy & \text{无地震影响或降雨影响大于地震因素时}, y > m \\ KRZ(y+1) & \text{地震因素影响与降雨影响相同时}, y = m \\ KRZm & \text{地震因素大于降雨影响时}, y < m \end{cases} \tag{1-2}$$

式中，W——地质灾害预报指数；

K——地质灾害周期系数；

R——人为工程活动对地质环境的扰动系数；

Z——地质灾害易发指数，是历史灾害强度（历史灾害规模、历史灾害密度）和滑坡影响因素（岩组类型、活动断裂、地形条件、植被条件）的函数；

y——降雨作用系数；

m——地震作用系数。

地质灾害预报指数 $1.25 < W \leqslant 1.5$ 时发生地质灾害的危险性较大；地质灾害预报指数 $1.5 < W \leqslant 1.95$ 时发生地质灾害的危险性大；地质灾害预报指数 $W > 1.95$ 时发生地质灾害的危险性很大。

5. 降雨量等级指数法

该方法是福建省开展地质灾害气象预警所采用的方法。福建省地处我国东南沿海，连续降雨和暴雨发生的次数较多，在热带风暴（台风）的影响下经常发生强降雨过程，由降雨诱发的地质灾害占全省地质灾害总数的95%左右，是典型的气象耦合型灾害。因此，过程降雨量和降雨强度是福建省范围内地质灾害预报预警的主要指标之一。

由于边坡及排土场的主要灾害类型是滑坡和泥石流，因此边坡及排土场的灾害预警主要是针对滑坡和泥石流灾害预警，是一种包括预测到警报的广义“预警”过程，在时间精度上包括了预测、预报、临报和警报等多个层次。一次圆满的预警应包括空间、时间、强度这三个物理参量，且应该计算每个物理参量发生的概率大小（可能性大小），从而确定向社会发布的方式、范围和应急反应对策。

1.3.3　排土场灾害预警方法

目前，常用的排土场滑坡和泥石流灾害预警方法主要分类如表1－2所示。

表1－2　边坡及排土场滑坡和泥石流灾害预警的方法分类

分类方法	灾害预警方法	方法简介
基于物理参量的预警分类	滑坡和泥石流灾害空间预警	在滑坡和泥石流灾害调查与区划基础上，比较明确地划定非确定时间内滑坡和泥石流灾害将要发生的地域或地点及其危害性大小

续表

分类方法	灾害预警方法	方法简介
基于物理参量的预警分类	滑坡和泥石流灾害时间预警	针对某一具体地域或地点（单体），给出滑坡和泥石流灾害在某一种（或多种）诱发因素作用下，将在某一时段内或某一时刻发生的预警信息
	滑坡和泥石流灾害强度预警	指对滑坡和泥石流灾害发生的规模、暴发方式、破坏范围和强度等做出的预测或警报，是在时空预警基础上做出的进一步预警，是科学研究和技术进步追求的目标，也是目前研究工作的最薄弱环节
基于诱发因素的预警分类	基于气象因素的滑坡和泥石流灾害预警	基于滑坡和泥石流灾害的区域地质环境条件研究，可以预测一定区域滑坡和泥石流等灾害在降雨作用下发生的可能性。当得到该区域的降雨过程和降雨强度预报数据或等值线资料时，就可以进行滑坡和泥石流灾害的气象预警
	基于地震因素的滑坡和泥石流灾害预警	对地震做出预报，或地震发生后一定时间内，根据地震烈度等值线或地震动参数等值线做出该区域的滑坡和泥石流灾害预报
	基于人类活动干扰的滑坡和泥石流灾害预警	在人类对地球表层改造剧烈地区，如大坝、水库、矿山和交通工程建设地区，根据遥感和地面监控资料分析，发布人类活动干扰下的滑坡和泥石流灾害预警是必要的，对发展中国家更是急需的
	基于多因素作用的滑坡和泥石流灾害预警	一个地点或一个区域滑坡和泥石流灾害事件的发生一般都是多因素综合作用的结果，只是常常表现为某个因素为主。基于诱发因素的滑坡和泥石流灾害预警，要追求建立气象、地震和人类活动等多因素的综合预警模型

1.4 滑坡预警系统的研究现状

1.4.1 国内滑坡预警系统的研究现状

我国是一个滑坡灾害多发的国家，从 20 世纪 70 年代末到

80 年代初逐步建立起了一些滑坡数据库。滑坡数据库的发展紧随数据库技术的发展。80 年代的关系数据库理论至今仍是许多滑坡数据库建立的依据。滑坡研究面临庞大的数据量、多种多样错综复杂的相互关系，地理信息系统（GIS）为解决这些问题提供了可能。GIS 的整个结构体系由若干个互相独立的功能模块组成，其中包括一些基本的空间分析工具，如区域叠加分析、缓冲分析、数字地面模拟分析等，但仅仅利用这些基本的工具进行滑坡预报预警是不现实的，需要结合具体的实际情况在基本的 GIS 平台上开发出与各种专业地学模型相结合的分析模块，如将信息量模型、专家打分模型等与基础 GIS 平台结合，将可视化显示与输出功能应用于滑坡的预报中。

我国香港是世界上最早研究降雨和滑坡关系、实施降雨滑坡气象预报的地区。Brand 等人（1998）认为香港地区的日均滑坡数量和滑坡伤亡人数与前期降雨量之间基本无关系可循，但与小时降雨量关系密切。小时降雨量 75mm 为灾难性滑坡的临界降雨量。同时 24 小时日降雨量也可作为降雨滑坡的警戒指标，当 24 小时日降雨量小于 100mm 时，滑坡发生的可能性很小；当 24 小时日降雨量大于 200mm 时，严重的滑坡灾害肯定发生。据此研究结果，香港政府于 1984 年启动了滑坡预警系统，该预警系统启动以来，香港地区平均每年发布 3 次滑坡警报。

随着滑坡预测研究的进展以及经济发展的需要，进入 21 世纪以来，关于灾害预警及预警系统方面的文章逐渐增多，如陈百炼等人（2005）、刘传正（2004）、魏丽（2005）。2005年，李长江等结合区域地质、水文地质、第四纪地质等方面的研究，提出了一种基于GIS/ANN（人工神经网络［Artificial Nerve Network］）预警预报群发性滑坡灾害概率的方法。2002年浙江省国土资源厅信息中心根据浙江省1257个雨量观测站在1990~2001年记录的日降雨量数据，及同时期609处滑坡、泥石流等灾害数据，通过对地质构造、地层岩性、土地利用类型、人口分布、降雨量分布、已知滑坡灾害点分布等资料的综合分析，开发出了集GIS与ANN于一体的区域群发性滑坡灾害概率预警系统（LAPS）。

1.4.2 国外滑坡预警系统的研究现状

目前，已有美国、日本、巴西、委内瑞拉、英国、印度、韩国、澳大利亚、新西兰等国家和地区曾经或正在进行面向公众的区域性滑坡实时预报，预报精度有的可以达到以小时衡量。

国外典型滑坡预警系统概述如下。

1. 美国的滑坡预警系统

旧金山湾滑坡实时预警系统于1985年正式建成。1986年2月12~21日，旧金山湾地区降雨800mm，美国地调局与美国国家气象局于1986年2月14日和17日分别发出两次灾害警报。暴雨之后，研究人员调查了10处已知准确发生时间的滑坡、泥石流，与预测结果进行对比，发现其中8处与预报时间完全吻合。其余两处滑坡发生稍早或稍晚于预报时间。从总体上看，美国对旧金山湾滑坡、泥石流的实时预报是非常成功的。

在旧金山湾地区对滑坡、泥石流成功预报后，夏威夷州、俄勒冈州和弗吉尼亚州分别于1992年、1997年和2000年在滑坡、泥石流频发区建立了类似的预报模型，并进行了数次实时预报。此外，美国地质调查局研究人员于1993年在加勒比海的波多黎各也建立了与旧金山湾类似的预报模型。目前，美国地调局研究人员已经或正在其他国家，如委内瑞拉、萨尔瓦多、洪都拉斯等，建立滑坡实时预警系统。

2. 日本的滑坡预警系统

日本是一个多山的国家，山区面积占国土面积的80%，处于太平洋板块和亚欧板块的交界地带，构造活动较为活跃，因此滑坡灾害极为频繁。日本在20世纪70年代就开始研究地质灾害的预警预报，近年来，他们通过对降雨量的均衡试验研究，对由降雨引发的地质灾害所进行的预警系统以及预警判据的制作，已上升到一定的理论高度，并且在日本的福井县付诸实施。

3. 韩国的滑坡预警系统

韩国70%的国土由山地和丘陵组成，而且全年70%的平均降雨量（1300mm）集中在夏季，再加上冻融过程的交替等，都是滑坡灾害形成的自然原因。由于滑坡灾害日益严重，韩国政府于1995年开始引入滑坡预防系统，1998年滑坡管理系统

（CSMS）正式贯彻实施，并建立了滑坡数据库，从 2002 年起，滑坡实时监测系统正式运行。滑坡实时监测系统主要运用光纤传感器、压力传感器、测斜仪和雨量计等对以下范围的边坡进行实时监测：已有渐进滑动的边坡、未采取防御措施的较危险边坡、高度超过 30m 的边坡、位于重要文化聚集区以及国家公园内的边坡，以达到实时掌握危险边坡的动态，对滑坡灾害及时采取应急措施，保证道路畅通。

第二章 矿山排土场现场调研及分析

项目组对贵州省内的典型矿山排土场、紫金矿业集团紫金山金铜矿排土场、加拿大矿山排土场进行了现场调研，分析了矿山排土场的安全现状和存在的安全问题。

2.1 中国铝业贵州分公司矿山排土场调研

2.1.1 修文铝矿排土场现场调研

修文铝矿排土场位于贵州省修文县龙场镇小山村，九架炉采场北面，与小山坝河相邻，下游有拦渣坝，附近有王官村、小山村、建新村。现场情况如图 2－1 所示。

图 2－1 修文铝矿排土场现场

1. 基本情况

（1）地质条件

地形为溶蚀沟谷地貌，地质构造处于扬子准台黔北台隆遵义断拱之贵阳复杂构造变形区，无区域性大断裂，但小断裂较发育，出露地层寒武系中上统娄山关群白云质灰岩，石炭系下统九架炉组铝土页岩、铝土岩、铝土矿，石炭系下统摆佐组白云质灰岩，二叠系中统梁山组炭质页岩、石英砂岩，二叠系中统栖霞组生物灰岩，第四系。

（2）水文条件

黄龙岩裂隙、岩溶发育，往往被泥沙充填，厚 2 ~ 28m，呈环形露头分布，为一强透水层。矿层底板芦山灰岩节理裂隙均很发育，地下水补给条件好，含水丰富。

铝矿系本身为一隔水层，属季节性含水，流量约 $10m^3/h$。由于地形切割剧烈，放射状沟谷发育，不利于地下水聚集。矿床开采主要受大气降水的影响，水文地质条件比较简单。

（3）气象条件

最高气温 35.4℃，最低气温 -6℃，平均气温 16.6℃。年最大降雨量 1760.8mm，年平均降雨量 1226.7mm，小时最大降雨量 64.9mm，一昼夜最大降雨量 162.3mm，一次最大暴雨持续时间 12h。最大积雪深度 22cm。年平均风速 2.7m/s，最大风速 16m/s。

2. 排土场生产现状

（1）排土场设计

该排土场未经过专门设计。

（2）排土强度

该排土场已排土完成，现已停止排土，共排土 $3\times10^6m^3$，排土强度约为 $114m^3/h$。

（3）排土方式

废石排弃采用汽车 - 推土机排弃方式。

（4）边坡参数

排土场均为凹地，山谷环绕，没有分台阶进行排弃，废石直接从剥离阶段运往该阶段的排土场。排土场台阶边坡角为 20°~35°，高度为 20~60m，顶面形成 2%~3% 的上向堆积坡。

3. 排土场安全管理现状

（1）安全事故情况

排土场从开始排土到调研为止，没有发生安全事故的记录。现场调研过程中，未发现滑坡和坍塌等现象。

（2）安全管理情况

①规章制度不健全。没有见到专门的关于排土场的安全管理规章制度，应建立健全适合本单位排土场实际情况的规章制度。

②滚石区无安全警示标志。滚石区内未见到安全标志，排土场滚石区应设置醒目的符合 GB 14161 标准的安全警示标志。

③偶有个人在区内捡矿石。调研过程中了解到，偶有少量村民进入排土场区域内进行捡矿石的活动，应严禁个人在排土场作业区或排土场危险区内从事捡矿石、捡石材和其他活动。

④无排水设施。该排土场目前尚未修建截洪沟（或排水沟），山坡排土场周围应修筑可靠的截洪和排水设施拦截山坡汇水。

⑤安全检查不到位。修文铝矿对排土场的作业管理检查较少，主要侧重于汛期的防洪安全检查，排土场作业管理检查的内容包括排土参数、变形、裂缝、底鼓、滑坡等。

⑥未建立管理档案。企业应建立排土场管理档案，包括建设文件及有关原始资料、组织机构和规章制度建设、排土场观测资料和实测数据及事故隐患的整改情况等，由于该排土场并未进行设计和实际观测，只有事故隐患的整改记录。

（3）监测系统情况

未建立任何形式的排土场监测系统，矿山应建立排土场监测系统，定期进行排土场监测。

4. 周边环境现状

（1）地理环境

排土场地理环境如图2－2所示，在排弃推进方向的正前方为一山丘，没有需要保护的对象，排土场边坡与对面山体形成了“V”形沟谷。排土场通往小山坝河入口处，为保证排土场稳定修建了高约25m、长约80m的石笼坝，以稳定排土场不致影响小山坝河。

图2－2　修文铝矿排土场地理环境

（2）社会环境

排土场边坡与对面山体形成了“V”形沟谷，周边没有村庄及住户，偶尔有少量村民进入捡矿石。

2.1.2　石灰石矿排土场现场调研

石灰石矿排土场位于甘冲矿区采场南面，附近有郝关村、甘冲村、长冲村三个村庄，距贵阳市行政中心13km。

1. 基本情况

（1）地质条件

矿区内出露地层为上二叠系及中下三叠系的碳酸盐建造，上覆有第四系坡残积层及冲积层。地层较缓，构造简单，全区共发现大小断层11条。除 F_{11} 外，其余断层的断距多小于20m，以正断层居多，按走向可分为北北东及北西西两组，前者较为发育。

（2）水文条件

矿段水文地质条件简单，大气降水多顺沟谷、裂隙、溶洞流失，不利于地下水的聚集。长滩河由东向西流出矿区，水位最高标高1185m，最低标高1180m。矿段田坝内有裂隙、溶洞三处，终年不枯，水位稳定，水位标高在1180m以下。

（3）气象条件

最高气温35.4℃，最低气温－6℃，平均气温16.6℃。年最大降雨量1760.8mm，年平均降雨量1293.6mm，小时最大降雨量64.9mm，一昼夜最大降雨量162.3mm，一次最大暴雨持续时间12h。最大积雪深度22cm。年平均风速2.7m/s，最大风速16m/s。

2. 排土场生产现状

（1）排土场设计

该排土场未经过专门设计。

（2）排土强度

排土场设计服务年限为30年，已使用24年，总容量5×

$10^6 m^3$，排土强度约为 $30m^3/h$。

（3）排土方式

废石排弃方式为汽车－推土机排弃方式。

（4）边坡参数

排土场只有一个台阶，设计台阶高度为60m，目前排土高度约为30m。

3. 排土场安全管理现状

（1）安全事故情况

排土场从开始排土到调研为止，没有发生安全事故的记录。现场调研过程中，未发现滑坡和坍塌等现象。

（2）安全管理情况

①规章制度不健全。没有见到专门的关于排土场的安全管理规章制度，应建立健全适合本单位排土场实际情况的规章制度。

②滚石区无安全警示标志。滚石区内未见到安全标志，排土场滚石区应设置醒目的符合 GB 14161 标准的安全警示标志。

③坡脚沟谷内有耕种活动。排土场边坡到拦渣坝之间有数块正在耕种的农田，离边坡最近的农田内有滚石，应严禁个人在排土场作业区或排土场危险区内从事捡矿石、捡石材和其他活动。

④排土作业无专人指挥。现场排土作业时直接由司机驾驶汽车将废石排弃，无专人指挥，且排土作业区未配备指挥工作

间和通信工具。

⑤无安全车挡。排土卸载平台边缘未设置安全车挡。

⑥无排水设施。该排土场目前尚未修建截洪沟（或排水沟），山坡排土场周围应修筑可靠的截洪和排水设施拦截山坡汇水。

⑦安全检查不到位。石灰石矿对排土场的作业管理检查较少，主要侧重于汛期的防洪安全检查，排土场作业管理检查的内容包括排土参数、变形、裂缝、底鼓、滑坡等。

⑧未建立管理档案。企业应建立排土场管理档案，包括建设文件及有关原始资料、组织机构和规章制度建设、排土场观测资料和实测数据及事故隐患的整改情况等，由于该排土场并未进行设计和实际观测，只有事故隐患的整改记录。

（3）监测系统情况

未建立任何形式的排土场监测系统，矿山应建立排土场监测系统，定期进行排土场监测。

4. 周边环境现状

（1）地理环境

排土场排弃推进方向的正前方为一沟谷，两面为山。

（2）社会环境

排土场拦渣坝下游附近有五六户住户，且在拦渣坝和排土场边坡之间的沟谷内有数块尚在耕种的农田，离边坡最近的农田内有滚石。实际该部分农田已为企业征拨，当地农户认为是闲置地而自行耕种，属于企业管理问题。如图 2－3

所示。

图 2－3　石灰石矿排土场社会环境

2.1.3　燕垅矿区排土场现场调研

燕垅矿区排土场位于Ⅳ号采场南部约 1.5km。如图 2－4 所示。

图 2－4　燕垅矿区排土场现场

1. 基本情况

(1) 地质条件

贵州省清镇市燕垅矿区地质构造以站街向斜为界，东、西差异十分明显，东侧构造线以南北向或北东向为主，以构成紧密的不对称线性褶皱及规模较大的正断层为其显著表现。西侧构造线以北东向为主，表现为开阔的长轴状对称或不对称褶皱及断块。

矿区出露地层自下而上有寒武系下统清虚洞组、寒武系中统高台组、寒武系中上统娄山关群，石炭系下统大塘组、摆佐组，二叠系下统梁山组、栖霞组和茅口组以及零星分布的第四系。

矿区构造特点为褶皱简单，断裂发育。F_8 断层由南往北纵贯全区，大致沿走向将矿层切割成两个矿段，上盘为老虎石矿段－倒转单斜，走向北东，倾向东，倾角70°左右；下盘为老寨矿段－倒转背斜，背斜轴线走向北东，倾向南，平均倾角10°。背斜不对称，一般倾向东，倾角5°～10°。

(2) 水文条件

矿区露天采场处于南北狭长延伸的山脊分水岭部位，标高1250～1420m，基本位于地下水位以上，充水来源主要是大气降水，排泄条件好，水文地质条件属简单型。

(3) 气象条件

矿区属于亚热带湿润温和气候，夏无酷暑，冬无严寒，多年平均气温14℃，最高气温34.5℃，最高月平均气温27.3℃，最低平均气温 1.2℃，最低气温 -8.6℃；最高月平均相对湿度 83%，最低月平均相对湿度 76%，多年平均相对湿度 82%；最大年降雨量 1601.8mm，最小年降雨量 717.8mm，平均年降雨量 1192.5mm，最大月降雨量 480.7mm，最小月降雨量 2.0mm，最大日降雨量 221.2mm；最大月蒸发量 196.8mm，最小月蒸发量 47.4mm，多年平均蒸发量 1390.0mm。

2. 排土场生产现状

（1）排土场设计

该排土场未经过专门设计。

（2）排土强度

该排土场目前排至约 1930m 标高，已停止排土，该平台北侧已经进行绿化复垦，如图 2-5 所示。

图 2-5　燕垅矿区排土场 1930m 平台北侧部分绿化复垦

（3）排土方式

排土方式为汽车-装载机排土工艺。

（4）边坡参数

排土场采用单台阶自下而上分台阶排放，目前排至约1930m标高，段高约30m，该平台北侧已经进行绿化复垦，南侧作业平台工作线长约50m，宽度约50m，坡面角45°~60°。

3. 排土场安全管理现状

（1）安全事故情况

排土场从开始排土到调研为止，没有发生安全事故的记录。

2016年1月21日现场调研时发现，排土场有多处出现小型滑坡（冲沟），如图2－6所示。

图2－6 燕垅矿区排土场小型滑坡（冲沟）

（2）安全管理情况

①规章制度不健全。没有见到专门的关于排土场的安全管理规章制度，应建立健全适合本单位排土场实际情况的规章制度。

②滚石区无安全警示标志。滚石区内未见到安全标志，排土场滚石区应设置醒目的符合GB 14161标准的安全警示标志。

③未修建拦挡设施。排土场下部未修建拦挡设施，排土场设计时应进行排土场岩土流失量估算，设计拦挡设施（如拦渣

坝等）。

④排水设施高于排土场。排土场修有排水沟，但由于排土场的自然沉降，排水沟已经高于排土场，不能起到可靠的截流、防洪作用。

⑤安全检查不到位。燕垅矿区对排土场的作业管理检查较少，主要侧重于汛期的防洪安全检查，排土场作业管理检查的内容包括排土参数、变形、裂缝、底鼓、滑坡等。

⑥未建立管理档案。企业应建立排土场管理档案，包括建设文件及有关原始资料、组织机构和规章制度建设、排土场观测资料和实测数据及事故隐患的整改情况等，由于该排土场并未进行设计和实际观测，只有事故隐患的整改记录。

（3）监测系统情况

未建立任何形式的排土场监测系统，矿山应建立排土场监测系统，定期进行排土场监测。

4. 周边环境现状

（1）地理环境

燕垅矿区排土场位于Ⅳ号采场（已闭坑）南部约 1.5km，为一荒山坡谷地形，如图 2 – 7 所示。

（2）社会环境

根据《中国铝业股份有限公司贵州分公司矿山公司（原第二铝矿）燕垅矿区安全现状评价报告》中“排土场”一节中提到排土场东侧约 100 ~ 150m 有 6 户人家，现场实际调研的情况是排土场最终边坡左侧前方约 100m 处有一废弃的磷肥厂，

图 2-7 燕垅矿区排土场地理环境

而右侧前方约 200m 处有一水质监测站，周边无村庄及居民，如图 2-8 所示。

图 2-8 燕垅矿区排土场社会环境

2.1.4 麦坝铝矿排土场现场调研

此次调研的排土场为麦坝铝矿龙滩坝矿段基建废石场，位于龙滩坝坑口工业场地南西侧约260m处，主要满足箕斗斜井和辅助斜井基建废石的排放需求。

1. 基本情况

（1）地质条件

麦坝铝矿在区域构造中的位置为滇黔桂台向斜北部黔南台凹之北缘，黔中隆起南坡，处龙头山复式背斜中，位于复式背斜西部的龙滩坝向斜中。

矿区出露地层从老至新主要有寒武系高台组，石炭系下统大塘组、摆佐组，二叠系下统梁山组、栖霞组、茅口组。

麦坝铝矿位于龙头山复式背斜西翼次一级的龙滩坝向斜即向斜南部单斜构造中，龙滩坝向斜为一完整的不对称“开阔向斜”，北端闭合于51勘探线以北（中寨）附近，南于80勘探线（高石坎）消失，向南成为单斜，全长约3km，宽约1km。向斜北段（51－58勘探线）轴向NE15°，中段（58－71勘探线）轴向NE12°左右，南段（71－80勘探线）轴向NE21°左右。向斜东翼倾角36°～43°，局部可达50°左右，倾角45°～55°。

（2）水文条件

龙滩坝、龙头山矿段主要构造为一个向斜构造，地表大部分被碳酸盐岩所覆盖，形成起伏不大的岩溶丘陵地形。最高峰为龙头山，海拔1585.8m，最低标高1273.6m，比高312.2m，地势北高南低。两个矿段大气降水补给区，北起中寨，南至高石坎，东抵龙头山，西止五台山一带。

矿区无大的地表水体。龙滩坝有1、2、3号泉，该三股泉水汇集后至4号测站注入暗河。暗河4号入口流量961.15L/s，6号出口流量210.599L/s。一部分地表水补给了栖霞组灰岩。

（3）气象条件

矿区气候属亚热带季风气候，年平均气温14.0℃，年最高气温32.2℃，最低气温-7.7℃。年平均风速2.7m/s，大风日数（≥8级）最高9天，多出现在3~4月。年平均降雨量1173.6mm，年最大降雨量1478.4mm，月最大降雨量480.7mm，雨季多集中在6~9月。

2. 排土场生产现状

（1）排土场设计

该排土场未经过专门设计。

（2）排土强度

该排土场暂时停止了排土作业，仅有少量生活垃圾的排放。

（3）排土方式

排土方式为矿车-推土机联合排土。

（4）边坡参数

该排土场现堆存高度约为10m，顶部东西宽约30m，南北长约150m，台阶坡面角为50°，废石堆放点处于洼地。

3. 排土场安全管理现状

（1）安全事故情况

排土场从开始排土到调研为止，没有发生安全事故的记录。现场调研过程中，未发现滑坡和坍塌等现象。

（2）安全管理情况

①规章制度不健全。没有见到专门的关于排土场的安全管理规章制度，应建立健全适合本单位排土场实际情况的规章制度。

②无排水设施。该排土场目前尚未修建截洪沟（或排水沟），山坡排土场周围应修筑可靠的截洪和排水设施拦截山坡汇水。

③安全检查不到位。麦坝铝矿对排土场的作业管理检查较少，主要侧重于汛期的防洪安全检查，排土场作业管理检查的内容包括排土参数、变形、裂缝、底鼓、滑坡等。

④未建立管理档案。企业应建立排土场管理档案，包括建设文件及有关原始资料、组织机构和规章制度建设、排土场观测资料和实测数据及事故隐患的整改情况等，由于该排土场并未进行设计和实际观测，只有事故隐患的整改记录。

（3）监测系统情况

未建立任何形式的排土场监测系统，矿山应建立排土场监测系统，定期进行排土场监测。

4. 周边环境现状

（1）地理环境

排土场位于龙滩坝坑口工业场地南西侧约260m，主要满足箕斗斜井和辅助斜井基建废石的排放需求。地处洼地内，两面环山，坡脚有挡土墙。

(2) 社会环境

该排土场目前停止排土，仅有少量矿工的生活垃圾排放。排土场坡脚修建有挡土墙，挡土墙外侧有农田；排土场的右侧紧邻一条山间公路，有少量车辆和行人通过，且有一条小路穿过排土场，如图 2－9 所示。

图 2－9 麦坝铝矿排土场社会环境

2.1.5 猫场铝矿排土场现场调研

猫场铝矿 0～24 线矿区排土场由 1324m 坑口生产排土场、1130m 排水进风平巷基建排土场和北回风井基建排土场三大块组成，生产期排土场拟设在 1324m 坑口场地排土场，如图 2－10 所示。

1324m 坑口生产排土场所在的冲沟废石填深 18m，排废由上至下一次性排放，具有运距短，汇水面积小，库容大的特点，基建期废石出窿后由汽车转运至排土场排放，生产期由带

（a）1324m坑口生产排土场

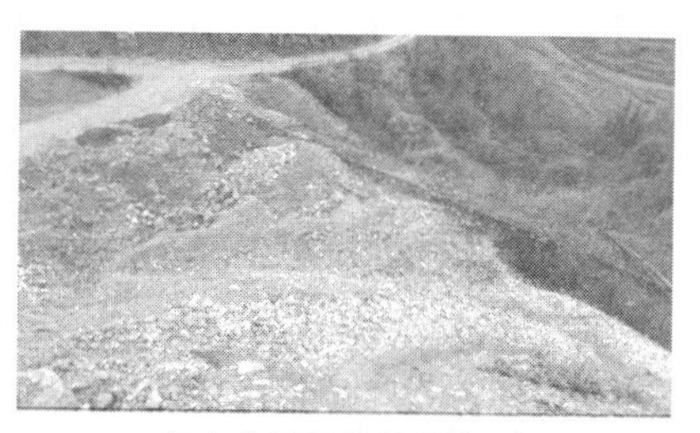

（b）北回风井基建排土场

图2-10　猫场铝矿排土场现场调研

式输送机送至废石仓后由汽车倒运至排土场。最终排废标高1324m，排废库容$3.7\times10^5m^3$，可满足矿山基建期与生产期第一年和第二年的废石排放需求，生产期第三年后废石基本不外排，主要用于充填采空区。

1130m排水进风平巷基建排土场分台阶堆放，废石出窿后在所在沟口堆至1160m标高，沟口设8m高拦渣坝，沟内地下水采用暗沟引出场外。排土场容积$1.06\times10^5m^3$。

北回风井设有两个排土场，一个距坑口200m，容量小，另一个距坑口500m，容量较大，两个排土场排水和防洪工程不大，有利于采取环境保护措施。两个排土场总容积$6.5\times10^4m^3$。

此次调研主要以1324m坑口生产排土场为主。

1. 基本情况

（1）地质条件

矿区为峰丛洼地岩溶地貌，孤峰、洼地、溶沟及落水洞较发育。矿区之东为岩洼地丘陵，地势较坦荡。平均海拔高度1300m，相对高差50~100m；矿区之西抵波渡河河谷，地势崎

�陡峭，河谷标高959.10～1035.5m，相对高差300～400m。矿区内海拔最高点1690m（大山），相对高差300～500m。矿区最低点是小干河出口处，海拔高度为1118m。

（2）水文条件

矿区河流属乌江水系，主要河流有油菜河、红花河。油菜河主干河流由东向西流，源于小公果附近，流经周刘彭、周家桥、鼓犁桥、高翁，到高洞至耗子洞潜入地下，形成伏流，到翁卡附近流出地表注入小干河。年平均流量209.939L/s，最大流量14459.015L/s，最小流量为0。

红花河源于新寨，流经大土寨，到红花寨至翁卡潜入地下与油菜河汇合流入小干河，经矿区西部流入波渡河，最后经鸭池河注入乌江。红花河上游年平均流量72.156L/s，最大流量7821.683L/s，最小流量0.014L/s。下游年平均流量123.698L/s，最小流量为0。

（3）气象条件

矿区气候宜人，温差不大。年平均降雨量为1192.5mm，最大年降雨量1601.8mm，最小年降雨量717.3mm，最大日降雨量146.6mm。年最高气温34.5℃，最低气温－8.6℃。相对湿度83%，最高100%，最低38%。每年4～11月为雨季，其中6～8月雨量较集中，多雷暴雨，3～5月有冰雹，12月至翌年有凝冻。区内多东北风和东南风，历年最大风速19.0m/s，年平均风速2.7m/s，年最小风速2.3m/s。

2. 排土场生产现状

（1）排土场设计

该排土场未经过专门设计。

（2）排土强度

排土强度约为 30m³/h。

（3）排土方式

废石排放采用斜坡道－汽车运输方式，南回风井窿外汽车运距为 1.5km，斜坡道与斜井窿外带式运输的运距在 200m 左右。

（4）边坡参数

排土场与坑口场地合二为一，场区地形为沟谷农林用地，沟长 380m，宽 100～160m，填深 10～18m。下游加设长 136m、高 8m、顶宽 2m 的浆砌石拦渣坝。排土场排废标高为 1324m，堆存高度为 18m，按单台阶由下至上排放。

3. 排土场安全管理现状

（1）安全事故情况

排土场从开始排土到调研为止，没有发生安全事故的记录。现场调研过程中，未发现滑坡和坍塌等现象。

（2）安全管理情况

①规章制度不健全。没有见到专门的关于排土场的安全管理规章制度，应建立健全适合本单位排土场实际情况的规章制度。

②滚石区无安全警示标志。滚石区内未见到安全标志，排

土场滚石区应设置醒目的符合 GB 14161 标准的安全警示标志。

③排土作业无专人指挥。现场排土作业时直接由司机驾驶汽车将废石排弃，无专人指挥，且排土作业区未配备指挥工作间和通信工具。

④无安全车挡。排土卸载平台边缘未设置安全车挡。

⑤无排水设施。该排土场目前尚未修建截洪沟（或排水沟），山坡排土场周围应修筑可靠的截洪和排水设施拦截山坡汇水。

⑥安全检查不到位。猫场铝矿对排土场的作业管理检查较少，主要侧重于汛期的防洪安全检查。

⑦未建立管理档案。企业应建立排土场管理档案，包括建设文件及有关原始资料、组织机构和规章制度建设、排土场观测资料和实测数据及事故隐患的整改情况等，由于该排土场并未进行设计和实际观测，只有事故隐患的整改记录。

（3）监测系统情况

未建立任何形式的排土场监测系统，矿山应建立排土场监测系统，定期进行排土场监测。

4. 周边环境现状

（1）地理环境

排土场场区地形为沟谷农林用地，在沟谷底部，如图 2 - 11 所示。

图 2－11 猫场铝矿排土场地理环境

（2）社会环境

排土场拦渣坝外有一片农田，前方 200m 以外有一村庄。目前排土场坡面上有一排临时板房，为工人居住，如图 2－12 所示。

图 2－12 猫场铝矿排土场社会环境

2.2 贵州锦丰矿业有限公司排土场现场调研

贵州锦丰矿业有限公司（以下简称“锦丰公司”）由中国黄金集团公司绝对控股。公司主要从事锦丰金矿（也称烂泥沟金矿）项目的地质勘探、采矿和选冶工作。公司注册成立于2002年7月，注册资本金为3500万美元。

排土场位于露天采坑南侧的磺厂沟，排土场最终堆积坡脚设置拦渣坝，拦渣坝下游修建有渗水池，排土场底部宽度30～40m，纵向拦渣坝上游长约1200m。排土场沟底纵向地形自然坡度为3°～10°，较为平缓，如图2－13所示。

图2－13　锦丰公司排土场现场

1. 基本情况

（1）地质条件

矿区位于扬子准地台西南缘，望漠北西向构造变形区西侧，挟持于北北东向的赖子山背斜及其东翼的洛帆逆冲断层（F_1），北西向板昌逆冲断层及册亨东西向构造带组成的三角形构造变形区内。

矿区地层主要为三叠系中统边阳组、尼罗组、许满组及三叠系下统罗楼组，岩性主要为细砂岩、粉砂岩、杂砂岩和黏土岩、灰岩等。其中边阳组下部为主要的含金层位，岩性以薄至中厚层状、厚层状细砂岩、粉砂岩、杂砂岩为主，夹薄至中厚层状黏土岩，砂岩、黏土岩呈韵律性互层。许满组顶部、上部及中部为次要的含金层位。

（2）气象条件

根据资料，年平均降雨量1357mm，雨量多集中在5~8月，年最大1小时暴雨均值47.0mm，年最大6小时暴雨均值75.0mm，年最大24小时暴雨均值102mm，年最大3天暴雨均值125mm。该区属亚热带湿润气候区，常年平均气温16.6℃，月平均最高气温19.9℃（6~7月），月平均最低气温6.2℃（1~2月）。

2. 排土场生产现状

（1）排土场设计

2010年1月，长春黄金设计院对锦丰公司排土场进行了设计，编制了《（中外合作）贵州锦丰矿业有限公司锦丰金矿项目排土场初步设计说明书》。

（2）排土强度

根据露天矿山设计要求，2015年5月已采矿到设计标高，露天已停止开采，排土场停止排土，目前排土场外边坡已复垦，如图 2－14 所示。

图 2－14　锦丰公司排土场复垦图

（3）排土方式

排土方式使用运矿卡车和推土机自下而上依次排放。

（4）边坡参数

排土场坡脚设置有拦渣坝，坝体为碾压式土石坝，坝底标高为 390m，坝顶标高为 411m，坝轴线长 69.4m，坝顶宽 4m，坝底宽 39m，坝体外坡面为 1∶2，内坡面为 1∶1.5，坝底部设宽 5m 的盲沟，如图 2－15 所示。

图 2－15　锦丰公司排土场拦渣坝

排土场占地面积为 67.85 公顷，设计有效容积 $4.65\times10^{7}m^{3}$，根据《有色金属矿山排土场设计规范》（GB50421－2007），本排土场等级为一级。按照设计分7个排土台阶排放，分别为411m、430m、460m、490m、520m、550m和580m台阶，其中411m平台宽为20m，其他平台宽度均为24m，各平台坡度为36°（堆放安息角为36°~38°）。

3. 排土场安全管理现状

（1）安全事故情况

排土场从开始排土到调研为止，没有发生安全事故的记录。现场调研过程中，未发现滑坡和坍塌等现象。

（2）安全管理情况

排土场目前已经复垦，不存在排土作业，安全管理方面存在的问题主要是没有见到专门的关于排土场的安全管理规章制度，应建立健全适合本单位排土场实际情况的规章制度。

（3）监测系统情况

未建立任何形式的排土场监测系统，矿山应建立排土场监测系统，定期进行排土场监测。

由于排土场外边坡已复垦，锦丰公司在拦渣坝上设置了10个人工监测点，采用全站仪（莱卡）进行检测，按照要求每月监测一次，如图2-16所示。

4. 周边环境现状

（1）地理环境

排土场位于一山谷内，两侧为山，拦渣坝前方有一条河，如图2-17所示。

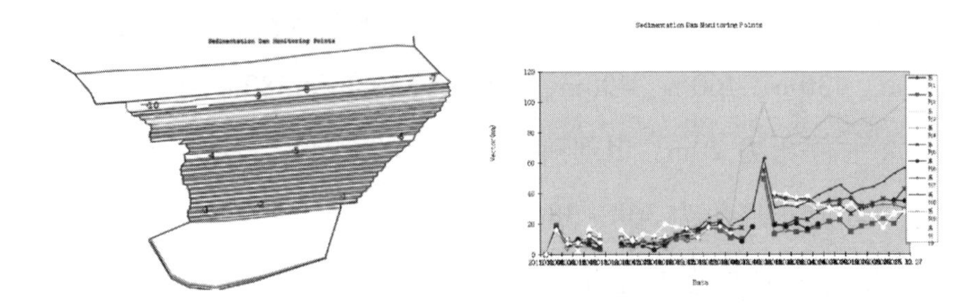

图 2－16　拦渣坝监测布点及监测数据

图 2－17　锦丰公司排土场地理环境

（2）社会环境

排土场周边无村庄，有零星住户，下游约有 8 户共 61 人居住。

2.3　瓮福集团瓮福磷矿排土场现场调研

对瓮福集团瓮福磷矿所属的磨坊矿界冲排土场和穿岩洞矿翁章沟排土场进行了现场调研。

2.3.1　磨坊矿界冲排土场现场调研

1. 基本情况

（1）地质条件

磨坊矿矿区地形极为复杂，地势起伏坡度较大，高低悬殊，相对高差为 90～100m。地貌成因类型以构造剥蚀为主，次为岩溶地貌和构造侵蚀类型。

矿区有大量的石灰岩分布，喀斯特地形发育，岩层裸露较多，覆盖层较薄，工程地质复杂。磨坊河经矿床西侧流过，但与地下水无密切联系。地下水的主要补给来源是大气降水。

（2）水文条件

磨坊矿段位于高坪背斜北段，背斜两翼倾角平缓（8°～25°），南高北低，向北倾伏（倾伏角 8°～19°），形态开阔。区内为低中山地形，沟谷发育，主山脊线与构造线一致，呈北北东－南南西方向条带状展布。磨坊河自南而北纵贯矿段，形成了小型“V－U”形河谷。次一级山脊、沟谷横向分布并列相间，其内发育有与构造线近于直交的季节性小溪沟。

磨坊河发源于矿段南部扁担山一带，由小溪汇流而成。7

线以南是其上游，水力坡度较大，流量小，主要承受大气降水和浅层地下水补给。区内最低侵蚀基准面标高 1107m。大气降水是矿段内唯一的地下水补给来源，磨坊矿段是一个就地补给、径流和排泄条件较完整的水文地质单元。

矿段内有大、小断裂 5 组共 37 条，其中以南北向和北西向两组较发育共 19 条。近南北组断裂是矿段内规模最大的一组纵向高角度正断层，有 F_1、F_5 及 F_{211} 等 7 条，大多破碎带宽度不大，且胶结，其导水性及含水性与围岩灯影组相同。

矿段内岩溶不发育，主要形态为岩溶及岩溶裂隙。岩溶的发育与构造关系密切，多见于沟谷两侧与断层破碎带和可溶岩地表分水岭附近。岩溶发育随深度逐渐减弱，无论地表或隐伏的裂隙性溶洞、岩溶裂隙多发育于侵蚀基准 1107m 以上。矿段内隐伏岩溶溶洞不发育，而岩溶裂隙，特别是 3 ~ 5mm 的微裂隙发育较为普遍，是承受大气降水补给地下水的主要通道，是矿坑充水的重要因素。

Ⅲ矿段内的Ⅰ号矿体和Ⅱ号矿体均露天开采，大气降水是矿坑充水的主要来源。Ⅰ号矿体露天坑最终底界标高 1170m 和Ⅱ号矿体露天坑最终底界标高 1130m 都高于当地最低侵蚀基准面 1107m，且地形有利于自然排水。

磨坊矿段中部广布灯影组岩溶裂隙含水层，是矿段内的主要含水层，亦是矿坑的直接充水含水层，含岩溶裂隙水，局部地段具承压性，其富水性中等。西侧和南北两端多为寒武系明心寺组和牛蹄塘组泥页岩覆盖，形成一个向西和北西方向倾斜的上覆隔水边界；南东缘下覆南沱组冰碛砾岩和板溪群清水江组板岩隔水层，构成下覆隔水边界；东侧是长4192m高角度F_1阻水断层和明心寺组、牛蹄塘组泥页岩分布区。

矿段内大部分地区为浅层地下水发育区，地下水径流和排泄条件良好。顺走向发育的磨坊河纵贯矿段，是地表水和地下水径流排泄的良好通道。水文地质类型属于中等。

（3）气象条件

据瓮安气象站1939～1978年的资料，多年年平均降雨量1135.1mm，最大降雨量1375.4mm，最小降雨量714.8mm。历年最大日暴雨量146mm，最大连续暴雨量200.6mm，最大月降雨量346.6mm。

每年4月中下旬到11月为雨季，4～6月雨量最集中，占年降雨总量的39.3%～53.8%。多雷、暴雨，有冰雹。矿区多雾，冬季有雪，最大降雪厚度11cm，同时有冰冻。全年平均气温14.3℃，最高气温34.3℃，最低气温－7.3℃。潮湿多雨，湿度大，平均相对湿度80%，最高100%，最低50%。夏季多南风，秋冬季多北风，历年最大风速18m/s。

2. 排土场生产现状

（1）排土场设计

该排土场未经过专门设计，只有设计施工图纸，没有设计文档。

（2）排土强度

该排土场设计容量为$5.4\times10^6m^3$，已排容量$5.3\times10^6m^3$，

已基本排放完毕。组合台阶式排土场，由下而上排土，排土强度为 380m^3/h。

（3）排土方式

排土方式使用运矿卡车和推土机自下而上依次排放。

（4）边坡参数

该排土场平台长度 100～300m，分为 1170m、1200m、1230m、1270m、1300m 分段平台，边坡角 37°，安全平台宽 15m。

3. 排土场安全管理现状

（1）安全事故情况

该排土场已基本排放完毕，排土量接近设计容量，到调研为止没有发生安全事故的记录。现场调研过程中，未发现滑坡和坍塌等现象。

（2）安全管理情况

①规章制度不健全。没有见到专门的关于排土场的安全管理规章制度，应建立健全适合本单位排土场实际情况的规章制度。

②安全检查不到位。磨坊矿对排土场的作业管理检查较少，主要侧重于汛期的防洪安全检查，排土场作业管理检查的内容包括排土参数、变形、裂缝、底鼓、滑坡等。

③未建立管理档案。企业应建立排土场管理档案，包括建设文件及有关原始资料、组织机构和规章制度建设、排土场观测资料和实测数据及事故隐患的整改情况等，由于该排土场并未进行设计和实际观测，只有事故隐患的整改记录。

(3) 监测系统情况

未建立任何形式的排土场监测系统，矿山应建立排土场监测系统，定期进行排土场监测。

4. 周边环境现状

(1) 地理环境

排土场位于一山谷内，两侧为山，如图2-18所示。

图2-18　界冲排土场地理环境

(2) 社会环境

排土场下游180m外有张家湾居民点，约有住户30户，人员122人。

2.3.2　穿岩洞矿翁章沟排土场现场调研

穿岩洞矿是瓮福（集团）有限责任公司旗下瓮福磷矿所属的一个现代化大型露天磷矿山，是瓮福磷矿二期接替项目。穿岩洞矿设计生产能力为每年3.5×10^6t，设计服务年限为30年，基建期 3 年，总投资 19. 58 亿元。

穿岩洞矿翁章沟排土场为一外部排土场，位于采场西侧，属于山沟、多台阶永久性排土场，设计服务年限 11 年，如图 2 – 19 所示。

图 2 – 19　翁章沟排土场现场

1. 基本情况

（1）地质条件

翁章沟排土场位于采场西侧的翁章沟，两条沟谷平行分布，中间隔一山梁，沟内地势南高北低，排土场范围内为宽缓槽谷形冲沟，沟底纵向平均比降为 1% ~3. 5%，两岸地形坡度一般在 20° ~40°，主沟两侧发育有多条次级小冲沟。

场区内出露地层主要有：清虚洞组，为灰色中厚层状白云岩、白云质灰岩，厚度 207 ~376m；金顶山组，为灰色薄层砂岩、粉砂质页岩夹鲕状灰岩及古杯灰岩，厚度 105 ~180m；明心寺组，为灰黄、灰绿、黄绿色页岩、砂页岩、粉砂质黏土岩，厚度 238 ~517m；牛蹄塘组，为黑色页岩、黏土质粉砂岩、水云母黏土岩，厚度 10 ~27m；灯影组，浅灰色薄 – 中厚层白云岩，厚度大于 170m；第四系，冲洪积、残坡积层，厚度

3～8m。

场区内岩层为单斜构造，产状为倾向北西，倾角25°～35°。断层主要有F_5、F_7、F_{51}、F_{52}、F_{53}、F_{65}。其中F_{52}、F_{53}、F_{65}为平移断层，走向长度100～200m，断距较小；F_5、F_7、F_{51}为正断层，延伸长度200～900m，其破碎带胶结较好。

（2）水文条件

场区地下水来源于大气降水，翁章沟为排泄基准面，沟谷两岸地表冲沟较发育，地下水主要赋存于覆盖层至基岩强、弱风化带及节理裂隙中，主要靠大气降水直接沿地表垂直分散补给。

（3）气象条件

据瓮安气象站1939～1978年的资料，多年年平均降雨量1135.1mm，最大降雨量1375.4mm，最小降雨量714.8mm。历年最大日暴雨量146mm，最大连续暴雨量200.6mm，最大月降雨量346.6mm。

每年4月中下旬到11月为雨季，4～6月雨量最集中，占年降雨总量的39.3%～53.8%。多雷、暴雨，有冰雹。矿区多雾，冬季有雪，最大降雪厚度11cm，同时有冰冻。全年平均气温14.3℃，最高气温34.3℃，最低气温－7.3℃。潮湿多雨，湿度大，平均相对湿度80%，最高100%，最低50%。夏季多南风，秋冬季多北风，历年最大风速18m/s。

2. 排土场生产现状

（1）排土场设计

该排土场未经过专门设计，在《瓮福（集团）有限责任公司瓮福磷矿二期接替穿岩洞矿段初步设计》中对排土场的选址、容积计算、排弃方式与参数和排弃计划有相应的描述。

（2）排土强度

排土场的设计总容量 $1.91\times10^8m^3$，现排土总容量 $8.0738\times10^7m^3$；设计总堆置高度 300m，现堆置高度 150m；设计总占地面积 $1.72\times10^6m^2$，现占地面积 $1.18\times10^6m^2$；排土强度 $2500m^3/h$。

（3）排土方式

排土场采用汽车－推土机排土工艺，使用覆盖式多台阶排土。

（4）边坡参数

翁章沟排土场台阶设计数量为 10 个，目前台阶数量为 5 个；台阶设计高度 30m，目前台阶高度 30m；最小工作平台宽度 54m，安全平台宽度 20m；总边坡角 28°，台阶边坡角 37°，岩土自然安息角 37°。

3. 排土场安全管理现状

（1）安全事故情况

排土场从开始排土到目前为止，没有发生安全事故的记录。现场调研过程中，未发现滑坡和坍塌等现象。

（2）安全管理情况

①规章制度不健全。穿岩洞矿针对排土场制定的安全管理规章制度仅包括排土系统管理制度、排土作业操作标准，不够完善，应建立健全适合本单位排土场实际情况的规章制度。

②滚石区无安全警示标志。滚石区内未见到安全标志，排土场滚石区应设置醒目的符合 GB 14161 标准的安全警示标志。

③坡脚污水处理设施有人作业。排土场的坡脚建有污水处理设施，且有相关人员在此作业，应严禁个人在排土场作业区或排土场危险区内从事捡矿石、捡石材和其他活动。

④排土作业专人指挥不到位。虽然现场有指挥排土作业的专人，但都在平台边缘站着，未有效指挥排弃废石，直接由司机驾驶汽车将废石排弃，且排土作业区未配备指挥工作间，如图 2－20 所示。

图 2－20　翁章沟排土场现场排土作业

⑤无安全车挡。排土卸载平台边缘未设置安全车挡。

⑥安全检查不到位。穿岩洞矿对排土场的作业管理检查较少，主要为地质灾害隐患的检查和汛期的防洪安全检查。排土场作业管理检查的内容包括排土参数、变形、裂缝、底鼓、滑

坡等。

⑦未建立管理档案。企业应建立排土场管理档案，包括建设文件及有关原始资料、组织机构和规章制度建设、排土场观测资料和实测数据及事故隐患的整改情况等，由于该排土场并未进行设计和实际观测，只有事故隐患的整改记录。

（3）监测系统情况

穿岩洞矿在该排土场初步建立了一套在线监控系统。在翁章沟排土场1100m、1130m台阶上共设置了5台GPS，对排土场的位移进行在线监测。但监测的指标单一，仅为GPS表面位移监测；虽设有报警阈值，但阈值设定的科学性和合理性还有待商榷，如图2－21所示。

图2－21　翁章沟排土场在线监测系统

由此可见，穿岩洞矿虽然建有在线监测系统，但监测指标单一，排土场灾害监测预防能力有限。

4. 周边环境现状

（1）地理环境

翁章沟排土场位于一沟谷内，两侧为山，如图2－22所示。

图 2－22　翁章沟排土场地理环境

（2）社会环境

排土场底部在谷口处建有一拦渣坝，坝体两侧均有污水处理设施，且有相关人员在此作业。排土场下游约 200m 处有一小村庄，具体户数及人员数量尚未统计出来，如图 2－23 所示。

图 2－23　翁章沟排土场社会环境

2.4 贵州省矿山排土场存在的主要问题

通过对贵州省典型矿山排土场的现场调研，发现矿山排土场在设计、现场管理和监测系统等方面都存在一些问题，主要包括以下几个方面。

1. 矿山排土场大部分未进行专门设计

《金属非金属矿山安全规程》（GB 16423－2006）第5.7.1条和《金属非金属矿山排土场安全生产规则》（AQ 2005－2005）第5.1条都对矿山排土场的设计有明确要求，“矿山排土场应由有资质的中介机构进行设计”。

对中铝贵州分公司、锦丰公司和瓮福磷矿所属矿山排土场的调研显示，大部分矿山排土场未做专门的排土场设计，只有锦丰公司做了专门的矿山排土场设计——《（中外合作）贵州锦丰矿业有限公司锦丰金矿项目排土场初步设计说明书》。中铝贵州分公司和瓮福磷矿的矿山排土场大多只有在初步设计中提到排土场位置选择、废石量、排土场容积计算和废石排弃计划等，或者只有排土场的施工设计图纸（磨坊矿界冲排土场），并未进行专门的排土场设计；其他矿山排土场因为矿山开采较早，甚至在初步设计中都未提及排土场。

由于没有专门的排土场设计，排土场不够规范，大多为选择一处沟谷或者洼地进行单台阶排放，这在中铝贵州分公司早期的矿山较为常见。在和中铝贵州分公司沟通后我们了解到，贵州省安监局在非煤矿山三项监管过程中对中铝贵州分公司提出“矿山排土场没有设计”，目前中铝贵州分公司已在补做排土场的设计。

另外，在调研过程中我们发现，中铝贵州分公司的燕垅矿区排土场和长冲河铝矿排土场因地处沟谷之中，在排弃推进方向没有需要重点保护的对象，就没有修筑拦挡设施。根据《金属非金属矿山排土场安全生产规则》（AQ 2005－2005）第5.5条的规定，“排土场设计时应进行排土场土岩流失量估算，设计拦挡设施”，以防止排土场边坡滑坡带来风险。

2. 矿山排土场安全管理不规范

对排土场现场的调研显示，排土场存在诸多安全管理不规范的现象，主要体现在以下几个方面。

（1）排土场安全管理规章制度不够健全

调研过程中我们发现，各企业排土场的安全管理规章制度不够健全甚至缺失，一般仅有安全生产日常检查制度、隐患排查制度等，且大多数都是作为企业日常安全管理的一块，没有作为一个重点单独列出。根据《金属非金属矿山排土场安全生产规则》（AQ 2005－2005）第4.2条的规定，“企业应建立健全适合本单位排土场实际情况的规章制度，包括：排土场安全目标管理制度；排土场安全生产责任制度；排土场安全生产检查制度；排土场安全隐患治理制度；排土场抢险及险情报告制度；排土场安全技术措施实施计划；排土场安全技术规程；排土场安全事故调查、分析、报告、处理制度；排土场安全培训、教育制度；排土场安全评价制度等”。

（2）滚石区无安全警示标志

除已经复垦的锦丰公司排土场和暂未排土的中铝贵州分公司麦坝铝矿排土场外，调研的其他排土场都存在滚石区，且滚石区未见到安全标志。根据《金属非金属矿山排土场安全生产规则》（AQ 2005－2005）第4.5条的规定，“排土场滚石区应设置醒目的符合GB 14161标准的安全警示标志”。

（3）存在个人在排土场危险区内活动的现象

调研中我们了解和观察到，存在个人在排土场的危险区内活动的现象：中铝贵州分公司修文铝矿偶有少量村民进入排土场区域内进行捡矿石的活动；石灰石矿排土场坡脚到拦渣坝之间有数块正在耕种的农田，且离坡脚最近的农田内有滚石（实际该部分农田已为企业征拨，当地农户认为是闲置地而自行耕种）；瓮福磷矿翁章沟排土场的坡脚建有污水处理设施，且有相关人员在此作业。这些地方都属于排土场的危险区域，一旦遇到滑坡或者坍塌等灾害，在此区域内作业和活动的人员将会受到伤害。根据《金属非金属矿山排土场安全生产规则》（AQ 2005－2005）第4.6条的规定，“严禁个人在排土场作业区或排土场危险区内从事捡矿石、捡石材和其他活动”。

（4）现场排土作业无专人指挥

在调研过程中我们发现，除已经复垦和暂停排放的排土场外，现场有排土作业的排土场除瓮福磷矿的翁章沟排土场外，其余都无专人进行指挥。翁章沟排土场虽然现场有指挥排土作业的专人，但都在平台边缘站着，未有效指挥排弃废石，也存在一定安全隐患。调研的排土场均为汽车排土作业，根据《金属非金属矿山排土场安全生产规则》（AQ 2005－2005）第6.1条的规定，“汽车排土作业时，应有专人指挥，指挥人员应经过培训，并经考核合格后上岗工作。非作业人员不应进入排土作业区，凡进入作业区的工作人员、车辆、工程机械应服从指挥人员的指挥”。

（5）排土卸载平台边缘缺少安全车挡

现场有排土作业的排土场的排土卸载平台边缘都缺少安全车挡，加上汽车在进行排土作业时现场无专人进行指挥，很容易发生整车滑到坡脚的事故。根据《金属非金属矿山排土场安全生产规则》（AQ 2005－2005）第6.1条的规定，“排土卸载平台边缘要设置安全车挡，其高度不小于轮胎直径的1/2，车挡顶宽和底宽应不小于轮胎直径的1/4和4/3；设置移动车挡设施的，要对不同类型移动车挡制定安全作业要求，并按要求作业”。

（6）排水设施不完善

我们在调研中发现，中铝贵州分公司的排土场排水设施不够完善，大部分排土场都未修建排水设施，仅有燕垅矿区修有排水沟，但由于排土场的自然沉降，排水沟已经高于排土场，不能起到可靠的截流、防洪作用。根据《金属非金属矿山排土场安全生产规则》（AQ 2005－2005）第7.1条的规定，“山坡排土场周围应修筑可靠的截洪和排水设施拦截山坡汇水”。

（7）排土场作业管理检查不到位

尚在排土作业的排土场对作业管理检查较少，主要侧重于地质灾害隐患的检查和汛期的防洪安全检查。根据《金属非金属矿山排土场安全生产规则》（AQ 2005－2005）第 9. 2. 2 条的规定，“排土场作业管理检查的内容包括：排土参数、变形、裂缝、底鼓、滑坡等”。

（8）未建立管理档案

由于调研的排土场大部分未进行专门的设计，规章制度不健全，对排土场的作业管理不到位，排土参数等未进行实际测量，一般只有事故隐患的检查和整改记录，企业并未建立排土场管理档案，档案内容不够全面。根据《金属非金属矿山排土场安全生产规则》（AQ 2005－2005）第 9. 3 条的规定，企业应建立排土场管理档案，包括“建设文件及有关原始资料、组织机构和规章制度建设、排土场观测资料和实测数据，事故隐患的整改情况”。

综上所述，企业对排土场的管理存在不足，完整的排土场安全管理体系没有建立起来，当排土场发生灾害时，不能起到有效的应急管理作用。

3. 矿山排土场监测系统不完善

在调研的三家企业的各排土场中，只有瓮福磷矿的翁章沟排土场安装了在线监测系统，在翁章沟排土场 1100m、1130m

台阶上共设置了5台GPS，对排土场的位移进行在线监测。锦丰公司在拦渣坝上设置了10个人工监测点，采用全站仪（莱卡）进行人工检测，每月监测一次，但主要针对拦渣坝，且是人工监测，监测的连续性和准确性都较差。其余排土场没有采用设备对排土场进行监测。根据《金属非金属矿山排土场安全生产规则》（AQ 2005－2005）第9.1条的规定，“矿山应建立排土场监测系统，定期进行排土场监测。排土场发生滑坡时，应加强监测工作”。

翁章沟排土场虽然建立了排土场在线监测系统，但只有GPS的地表位移监测，监测手段比较单一，监测的指标也只是地表位移这一项，对其他影响排土场安全稳定的参数，如内部变形、表面裂缝、降雨量等都不能实时监测，不能全面反映排土场的安全状况。且系统虽然能够设置报警阈值，但阈值设置的科学性和合理性还有待商榷，没有经过科学的验证。

矿山排土场滑坡和泥石流灾害不仅直接影响矿山的安全生产与经济效益，还会危及下游的铁路和农田，关系到矿区周边居民的生命财产安全，必须实施有效的监测、预警和安全管理。因此，建立一套监测指标全面（位移、应力、应变、降雨量、地下水位等）和预警指标科学合理（不同类型、物理力学性质的排土场预警阈值不同）的排土场灾害监测预警系统，综合分析得到排土场安全状态，实现预警功能是十分必要的。

2.5 国内典型矿山排土场现场调研

2.5.1 国内矿山排土场灾害监测系统应用现状

排土场是一种巨型人工松散堆积体，其内在结构和外部环境条件都十分复杂，在降雨等外界因素影响下容易发生滑坡、泥石流等灾害，它的稳定性直接关系到矿山的正常生产。由于排土场边坡的岩土工程具有内在的复杂性和不确定性，矿山企业应该实时监测排土场边坡的运行状况。

1. 矿山排土场监测系统的类型

目前国内一些典型矿山排土场使用的监测系统主要有以下几种：

（1）坡面的大地测量（经纬仪、水准仪、测距仪等）；

（2）GPS 监测；

（3）红外遥感监测；

（4）合成孔径雷达干涉测量；

（5）光纤位移测量；

（6）闭合法监测；

（7）全站仪监测；

（8）钻孔测斜仪、锚索测力计和水压检测仪监测；

（9）声发射监测。

在以上矿山排土场边坡监测系统中，（1）~（7）主要从边坡的外表进行监测，（8）和（9）对边坡内部进行监测。

2. 矿山排土场监测系统的工程应用

目前，矿山排土场建立监测系统的矿山比较少。通过文献检索和资料分析，建立排土场监测系统的矿山主要有以下几个。

（1）紫金矿业集团紫金山金铜矿。随着矿山露天开采的进行，紫金山金铜矿形成了高陡排土场边坡，且随着后续采矿的继续，边坡高度还将进一步增加。为及时掌握排土场边坡的安全稳定性状态和位移状况，通过 GPS 监测和传统的人工监测，实时掌握边坡的运行状况，确保排土场边坡安全运行。GPS 边坡监测预警系统包括 1 个监测基准点，4 个监测点。按照指定时间间隔连续解算出各个测点的三维坐标，通过坐标值的变化求取各个测点的位移量、速度、加速度等参数，设置报警阈值，一旦达到报警要求，立即向相关部门负责人发出短信、邮件、声音、闪光灯报警信息。

（2）鞍千矿业有限责任公司（以下简称“鞍千公司”）。针对鞍千公司排土场边坡安全问题，综合考虑公司存在的边坡管理需求，整合 GPS 边坡监测技术、遥感摄影测量监测技术、无线通信技术、边坡稳定性预测预警技术等多种技术，形成了排土场在线监测与智能预测管理技术，能够实现边坡安全状态的监测、预测以及破坏的应急管理。另外，该系统还可以为与排土场安全管理所涉及的采矿、地测、设备等多个部门，提供相关数据、信息，实现排土场安全性的主动管理、监控和治理。该系统测量精度高，操作简便，通过对鞍千公司齐大山铁矿进行现场试验，验证了技术的可行性、实用性，能够有效提高边坡工程的可靠性和安全性，提升边坡管理效率和水平，加快边坡灾害解决和生产恢复速度，从而保障矿山生产安全和人民财产安全，创造巨大的经济效益和社会效益。

（3）本溪钢铁集团南芬露天铁矿。南芬露天铁矿 2 号排土场应用“恒阻大变形缆索滑动力监测预警系统”来监测露天矿山排土场潜在滑坡灾害。这种思路的核心思想是当排土场长期自然沉降而发生位移、裂缝时，该系统能够适应松散岩体的大变形特点而不被拉断破坏，从而可以对排土场边坡失稳全过程进行加固、监测和预警；在排土场边坡滑坡发生前和蠕动形成滑坡的过程中，该系统自动计算并绘制下滑力动态监测曲线，映射边坡稳定特征，指导生产决策部门制定防治措施。该系统在排土场稳定性监测领域的应用，是露天矿山排土场监测历史上的一次新突破。

（4）新疆哈密磁海铁矿。磁海铁矿排土场目前采用的排土场监测方法是天宝 GPS + RTK 监测系统。其方法是对 6 个固定大点（A1 – A6）采用 GPS 做静态平面位移控制监测，然后采用 RTK 对 29 个小点（CW1 – CW29）做水准和平面位移碎部测量，对其进行高程和水平位移监测。

（5）云南磷化集团有限公司。该公司是中国最大的现代化露天磷矿采选企业，建设有昆阳磷矿、海口磷矿、尖山磷矿、晋宁磷矿四座大型露天矿山，原矿的生产能力每年达到 1.3 ×

10^7t，拥有10多座排土场，所以排土场的监测有着重要的意义。该公司利用快鸟卫星遥感影像（QuickBird）对整个矿区排土场进行管理，对重点的排土场进行监测数据录入和分析，形成了一套基于遥感影像为基础的监测系统平台。

2.5.2　紫金山金铜矿排土场现场调研

1. 工程概况

紫金山金铜矿为一特大型有色金属矿床，上部金矿是氧化带中次生富集的大规模低品位矿床，储量为特大型，下部为大型储量铜矿床。按照矿山规划设计，在+148m标高以上采用露天开采，汽车运输开拓方式，全矿设计采矿能力为1.336×10^5t/d（4.41×10^7t/a），金矿服务年限为9年，铜矿为38年。

2. 自然地理条件

（1）地形地貌条件

1#沟位于拟建大岩里400拦渣坝以东地段，由近东西向沟谷分支为南东和北东转为东西向的沟谷合筑而成，沟谷横断面呈“V”形。两侧山坡被第四系坡积、坡残积的含碎石粉质黏土覆盖，部分山坡强风化基岩裸露，两侧山坡坡度约20°~40°，植被较发育，自然坡体稳定。排土场全貌如图2－24所示。

2#沟位于1#沟的北西侧，与1#沟相接，主要为一条北东向的沟谷，横断面呈“V”形，局部“U”形，沟谷两侧的山坡坡度20°~40°，局部达50°，沟谷两侧山坡被第四系坡积、残

图 2-24 紫金山金铜矿排土场全貌

坡积的含碎石粉质黏土覆盖，根据山坡公路边坡揭露，厚度为1.0~2.0m，局部强风化基岩已裸露山坡面，植被较发育，自然坡体稳定。

(2) 气象水文和地表水系发育状况

本区属热带季风气候，湿润多雨，年平均降雨量1676.6mm，最大年降雨量2502.1mm，最长连续降雨天数31天，总降雨量440.3mm，日最大降雨量242mm。每年3~6月为雨季，约占全年降雨量的60%；8~9月为台风季节，约占全年降雨量的14.8%。

矿区范围内水系不甚发育，西侧的汀江自北向南汇入广东的韩江，年平均流量185m^3/s；北部的同康沟、西部的二庙沟及南部的下田寮沟等在海拔650m以下有常年性流水，流量分别为156.90L/s、5.88L/s及7.20L/s，海拔650m以上多为干谷。

1#沟的沟谷有常年性流水，未降雨时水量小，勘察期间在大岩里排土场坝脚处的沟谷位置测得水量仅2.0L/s；2#沟的沟谷有常年性流水，未降雨时水量小。

3. 工程地质条件

（1）岩土体类型、分布及特征

根据以往勘察钻孔揭露，1#沟及2#沟东部场区基岩主要为燕山早期花岗岩地层，根据岩石透水性和风化程度划分为强风化花岗岩、中风化花岗岩、微风化花岗岩。其中2#沟北西部分布有隐爆角砾岩地层，平面形状呈长条状，根据透水性和风化程度划分为强风化隐爆角砾岩、中风化隐爆角砾岩、微风化隐爆角砾岩。根据各岩土层的分布位置和风化程度分述如下。

①强风化花岗岩：灰褐色，中粗粒结构，岩石组织结构大部分破坏，矿物成分主要为石英，部分为长石，裂隙很发育，大多闭合状，部分裂隙两侧的矿物已风化成土状，岩芯呈碎块状，少部分呈砂砾状。该层在场区极大部分地段有分布，层厚1.70~5.30m。

②中风化花岗岩：灰色，中粗粒结构，裂隙发育，但大多呈闭合状，岩石组织结构部分破坏，岩芯多呈短柱状，部分呈长柱状。岩石质量指标RQD为50%~60%，按岩石坚硬程度的定性分类属较硬岩，按岩石完整性的定性分类属较破碎，岩体基本质量等级属Ⅳ级。该层在场区极大部分地段有分布，层顶埋深1.70~5.30m，层厚12.50~23.40m。

③微风化花岗岩：灰色，岩体较完整，致密坚硬，裂隙不发育，岩芯呈长柱状、短柱状。岩石质量指标RQD为80%~90%，按岩石坚硬程度的定性分类属较硬岩，按岩石完整性的定性分类属较完整，岩体基本质量等级属Ⅲ级。该层在场

区极大部分地段有分布，层顶埋深 14.30～25.90m，层厚 5.10～13.60m。

④强风化隐爆角砾岩：褐色，岩石组织结构大部分破坏，裂隙很发育，大多闭合状，部分裂隙两侧的矿物已风化成土状，岩芯呈碎块状。该层仅分布在2#沟北西部的部分地段，层厚1.60～5.60m。

⑤中风化隐爆角砾岩：灰色，裂隙发育，但大多呈闭合状，岩石组织结构已部分破坏。岩石质量指标 RQD 为 40%～60%，按岩石坚硬程度的定性分类属较硬岩，按岩石完整性的定性分类属较破碎，岩体基本质量等级属Ⅳ级。该层分布在2#沟北西部的部分地段，层顶埋深 1.60～5.60m，层厚 11.00～16.90m。

⑥微风化隐爆角砾岩：灰色，岩石较完整，裂隙不发育，岩石完整性较好。岩石质量指标 RQD 为 75%～88%，按岩石坚硬程度的定性分类属较硬岩，按岩石完整性的定性分类属较完整，岩体基本质量等级属Ⅲ级。该层分布在2#沟北西部的部分地段，层顶埋深 13.50～18.50m，层厚 8.40～10.50m。

（2）地质构造条件

①断裂构造。根据已有的区域地质资料和工程地质测绘结果，场区内断裂构造较发育，1#沟有一条东西向和两条北东向的断裂构造通过，其中两条北东向断裂构造延伸至2#沟。东西向断裂构造属压性断裂构造，倾向北，倾角约35°；两条北东向断裂构造属压扭性断裂构造，倾向南东，倾角约45°。1#沟

地区岩性为断层角砾岩，有明显的挤压作用，被后期石英脉充填，压水试验显示其属微弱透水的断裂构造。据分析断裂构造带往深部透水性逐渐变差，属相对隔水层。

②节理裂隙。场区内岩层节理裂隙较发育，强风化花岗岩、中风化花岗岩主要为北东、北西向两组共轭扭裂面，相互交切，将岩层切割成菱形的块体。北东向节理裂隙倾向110°~130°或300°~330°，倾角约55°，裂隙间隔0.5~1.0m；北西向节理裂隙较为发育，总体倾向55°，倾角30°~40°，裂隙间隔0.5~1.0m；强风化隐爆角砾岩、中风化隐爆角砾岩主要为北东、南东向两组共轭扭裂面，相互交切，将岩层切割成菱形的块体。北东向节理裂隙倾向100°~120°，倾角约60°，裂隙间隔0.5~1.0m；南东向节理裂隙较为发育，总体倾向55°，倾角20°~35°，裂隙间隔0.5~1.0m。

4. 水文地质条件

场区由于受地层和地质构造条件的限制，水文地质条件简单，表现在第四系地层不发育，强风化基岩在沟谷底和山坡地段已基本裸露；地下水类型主要为基岩风化裂隙水，基岩岩性主要为花岗岩、隐爆角砾岩，透水性较差，贮水条件较差。村民居住区离本场区较远，无使用地下水作为供水水源。

5. GPS监测

（1）GPS监测系统

GPS接收机由接收机天线单元、接收机主机单元和电源以及相应的软件组成。排土场边坡GPS监测预警系统包括：1个监测基准点，位于19线观景台；4个监测点，分别位于820m排土场、910m排土场，采场东帮北侧940m平台、采场东帮南侧964m平台。按照指定时间间隔连续解算出各个测点的三维坐标，通过坐标值的变化求取各个测点的位移量、速度、加速度等参数，设置报警阈值，一旦达到报警要求，立即向相关部门及负责人发出短信、邮件、声音、闪光灯报警信息。

（2）北口排土场监测点布设

北口排土场位于紫金山金铜矿露天采场北侧（排土场现场概貌见图2－25）大岩里1#沟和2#沟区域，是露天采场唯一的排土场，设计等级为一级。排土场标高＋400～＋910m，东西长1737m，南北宽1637m，最低排土台阶＋610m，最高排土台阶＋910m，排土场容积$2.0963\times10^{8}m^{3}$。根据排土场地形

图2－25 紫金山金铜矿北口排土场现场概貌

及运距等多方面因素，采用多台阶顺排，即上岩上排，下岩下排。在排土过程中不可避免地出现单段高台阶情况，存在潜在的滑坡、坍塌、泥石流等灾害，严重威胁矿山排土场的安全生产。

由于排土场下部需要分台阶排土，而排土场的滑坡通常是上部台阶出现裂缝位移，因此排土场监测点分别布置在上部910m平台和820m平台处。但随着排土场下部台阶逐步形成，监测点应相应增加。GPS现场监测如图2－26所示。

图2－26　紫金山金铜矿北口排土场GPS现场监测

2.6　加拿大矿山排土场调研

2.6.1　实地考察概况

项目组实地考察了Hope Slide和海兰谷地铜矿（Highland Valley Copper，HVC），了解了加拿大的滑坡现场和矿山排土场在线监测情况。

1. Hope Slide 滑坡现场考察

Hope Slide 是加拿大历史上最大的一次山体滑坡。这次滑坡发生在 1965 年 1 月 9 日的早晨，在不列颠哥伦比亚省 Hope 镇附近的喀斯喀特山脉的 Nicolum 山谷，滑坡把 3 号公路埋到了 79m 的深处，夺去了 4 名驾车者的生命。滑坡所涉及的岩石体积估计为 4700 万 m^3，如图 2－27 所示。

现场可以看到，滑坡的岩石量巨大，碎石将原有的高速公路掩埋，现有的高速公路已经改道。山上的大部分伤疤仍然是裸露的岩石，没有看到树木或其他大型植被显著生长。

图 2－27　Hope Slide 滑坡现状

2. 海兰谷地铜矿在线监测系统考察

海兰谷地铜矿（HVC）是加拿大最大的露天铜矿，位于不列颠哥伦比亚省的洛根湖以西约 17km 处，如图 2－28 所示。

图 2－28　海兰谷地铜矿俯瞰

项目组考察了 HVC 的排土场、尾矿库和采场边坡，重点是在线监测系统，如图 2－29 所示。由于排土场和采场均在进行现场作业，根据 HVC 的安全管理规定，不允许现场近距离参观。排土场、尾矿库和采场边坡使用的是同一套在线监测系统，监测的方式是完全相同的，故此次重点考察尾矿库的在线监测系统。

图 2－29　正在进行作业的 HVC 排土场

尾矿库正在使用的监测系统主要有伸缩计、雷达、压力计、时域反射仪，还使用棱镜和全站仪、人工观测，如图2-30所示。

图2-30 HVC尾矿库部分监测系统

2.6.2 露天矿山边坡监测及风险管理研讨

我们在不列颠哥伦比亚大学（UBC）奥克那根校区，同Dwayne Tannant教授和矿山安全顾问Sam Nunoo就露天矿山边坡监测及风险管理召开了研讨会，如图2-31所示。

图2-31 UBC大学露天矿山边坡监测及风险管理研讨

研讨会上，Dwayne Tannant教授和Sam Nunoo顾问介绍了加拿大不列颠哥伦比亚省内的大型露天矿山概况、不列颠哥伦比亚省矿山监测技术及设备、露天矿山边坡监测实例、矿山边坡风险管理注意事项等。

1. 不列颠哥伦比亚省矿山监测技术及设备

不列颠哥伦比亚省矿山现有的监测技术及设备有棱镜和全站仪、人工观测、伸缩计、雷达以及其他一些技术，具体如表2－1所示。

表2－1　不列颠哥伦比亚省矿山现用监测技术及设备

矿山	棱镜和全站仪	人工观测	伸缩计	雷达	其他
Copper Mountain	√*	√*	√		
Endako	√*	√*			
Huckleberry	√	√	√	GroundProbe*	压力计、测斜仪
Mount Polley	√*	√*	√		
HVC	√*	√*	√	GroundProbe*	压力计、时域反射仪
Gibraltar	√*	√*	√		压力计

注：所有的矿山使用Trimble S8全站仪，带“*”为该矿山最依赖的监测技术。

利用这些设备监测矿山边坡，需要设置移动速度阈值，矿山通常咨询第三方专业工程师建立移动速度阈值。不列颠哥伦比亚省各矿山使用棱镜监测的移动准则如图2－32所示。

2. 露天矿山边坡监测实例

主要以Bagdad McCain Outlook的滑坡作为实例来介绍，图2－33为滑坡前后的对比。

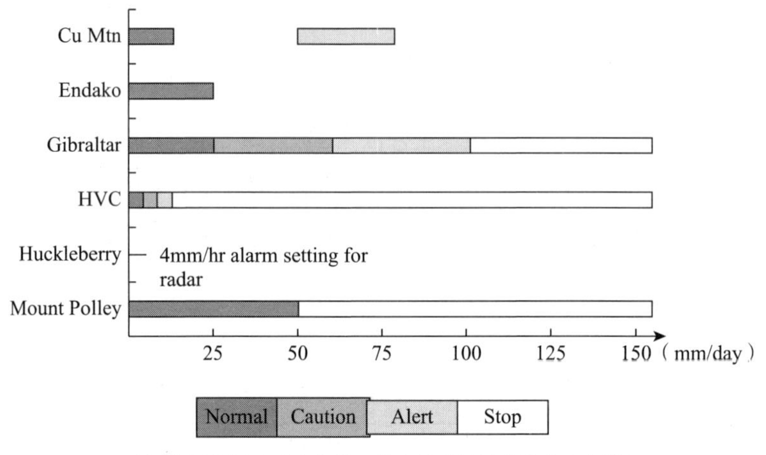

（图中纵坐标为矿山名称，横坐标为棱镜监测移动准则）

图 2－32　不列颠哥伦比亚省矿山棱镜监测移动准则

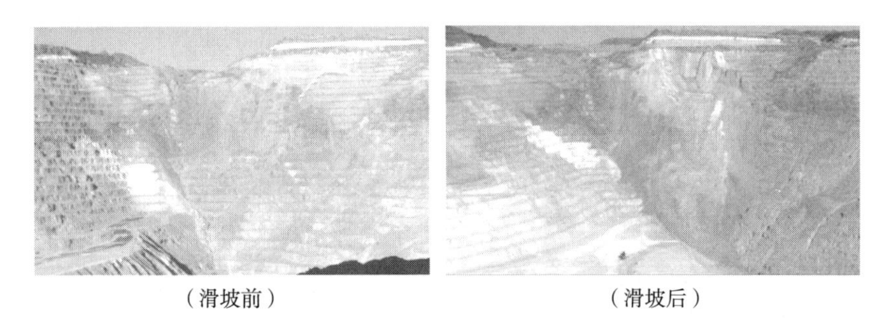

（滑坡前）　　（滑坡后）

图 2－33　Bagdad McCain Outlook 滑坡前后对比

该矿使用了 GPS、伸缩计和雷达等监测技术，雷达监测于 2012 年 10 月开始，滑坡发生在 22 天后，如图 2－34 所示。

从 Bagdad McCain Outlook 滑坡的经验教训可知，监测阈值应设置为最低敏感度，每个区域的报警应是唯一的。

还有其他边坡监测的实例，此处不一一赘述。通过这些经验教训我们可以总结出，有些失稳是可以预测的，前提是需要

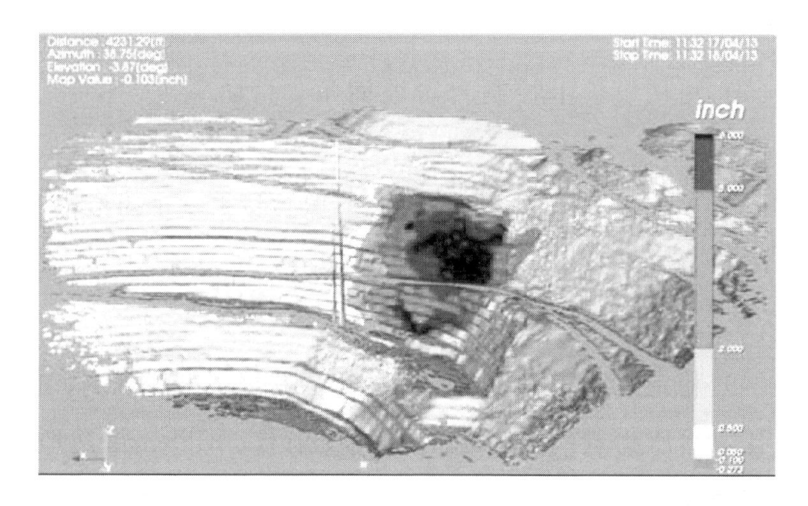

图 2－34　Bagdad McCain Outlook 雷达监测

准确、有效的监测数据。

3. 矿山边坡风险管理注意事项

为了有效进行矿山边坡风险管理，应考虑和注意以下事项：

（1）精度要求，通常指故障模型和不稳定区域的敏感性；

（2）设备的风险，包括失稳的速度和安全通道、出口；

（3）易于安装和通过；

（4）气候条件，包括暴风雪、热浪；

（5）能见度；

（6）不稳定区域规模；

（7）矿山开采各个阶段；

（8）成本。

2.6.3　加拿大调研经验借鉴

通过加拿大典型矿山排土场调研和交流，以下经验可以借鉴：

（1）可从设计上控制台阶坡面角、台阶宽度，保证边坡稳定；

（2）采用控制爆破、预裂爆破等爆破技术维护边坡稳定；

（3）边坡稳定性维护主要采取疏水、支护以及回压技术等；

（4）稳定性监测主要采取棱镜和全站仪、人工观测、伸缩计、孔隙水压力计、测斜仪、时域反射仪、GPS、雷达监测、激光扫描等方式；

（5）边坡移动阈值的设定以工程经验为主，每个矿山均根据自身实际情况设定，无统一标准；

（6）通常采用多种监测手段结合的方式进行监测；

（7）实时监测、摄影测量及数据处理等是未来发展的趋势。

第三章　矿山排土场灾害预警指标体系

3.1　指标体系构建的原则和方法

3.1.1　指标体系的构建原则

建立准确、全面、有效的指标体系是预警的关键。矿山排土场灾害预警涉及的因素很多，其中有些因素难以量化。因此，确定每一个具体的影响因素，需要广泛征求专家的意见，并参考相关的法规和标准，再进行整理、分类和综合。建立一套既科学、合理，又能反映实际状况的预警指标体系是一项复杂的系统工程，具有相当的难度。因此，为建立行之有效的预警指标体系，应遵循以下原则。

（1）全面性原则。指标的设计与选择要尽量覆盖所有可能导致发生矿山排土场灾害的因素。

（2）灵敏性原则。在具体的指标构建和指标评价时，根据不同矿山排土场的特点，所选指标能准确、科学、及时地反映边坡安全风险的变化情况，具有较强的敏感性，使其成为反映排土场安全风险状况的“晴雨表”。

（3）实用性和可操作性原则。预警模型最终要应用到实际中去，因此指标体系要实用而且可操作。指标并不是越多越好，指标的选取要考虑指标数值的可获得性及其量化的难易程度和准确性；所需数据是否易统计，应尽可能利用现有统计资料。要选择主要的、基本的、有代表性的综合指标作为量化计算指标，使指标便于横向和纵向比较。

（4）先行性原则。预警指标按出现时间相对于循环转折点的先后分为先行指标、一致指标和滞后指标。先行指标是指其循环转折点在出现时间上稳定地领先于参照循环中相应的转折点，它是预警系统的主体，功能是为预警系统提供预警信号。在预警指标的选取中应尽量采用先行指标，要求指标能超前于实际波动，具有先行性或一致性，能及时、准确、科学地反映系统的变化情况。风险防范需要一个时间过程，即时滞。若时滞过长，就起不到风险管理的效果，预警系统也就失去了意义。

（5）动态性原则。即矿山排土场灾害预警系统应是一种动态的分析与监测系统，而不是一种静态的反映系统。它应在分析过去的基础上，把握未来的发展趋势。动态性还应体现在这个预警系统能够根据新情况的变化不断更新，这样才能保持系统的先进性，增强系统的生命力。

（6）综合性原则。矿山排土场灾害预警指标体系设置时要进行综合考虑，系统科学考虑影响矿山排土场稳定性的各项因素，在设置指标时适当选取综合性指标。

3.1.2　指标体系的构建方法

是否选择恰当的指标是关系到边坡稳定性预警结果是否准确可靠的一个重要问题。评价指标并非越多越好，关键在于评价指标对结果贡献的大小。指标体系的确定具有很大的主观性，目前指标体系的确定有经验确定法和数学确定方法两种，数学确定方法可以降低选取指标的主观性，但不能保证指标的唯一性，因此，目前经验确定法应用比较广泛。

在实际应用中，专家调研法是一种较常用的方法。图 3 – 1 给出了专家调研法选择指标的一个比较完整的流程。首先，评价者根据评价的目的及评价对象即滑坡体，在调查意见表中列出一系列评价指标。其次，分别征询各专家对所列评价指标的意见，然后进行统计处理，并且反馈咨询的结果。最后，经过几轮的咨询后，如果各专家意见趋于统一，则确定具体的评价指标体系。

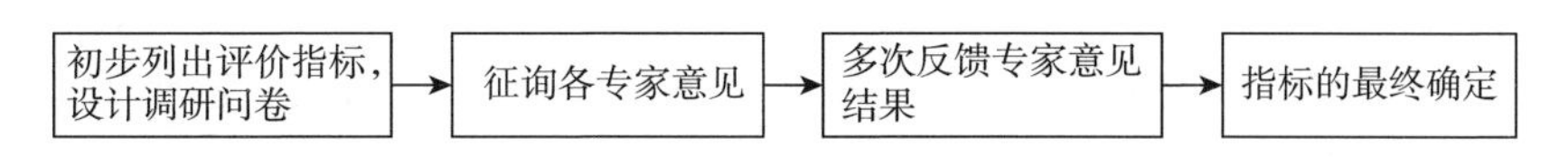

图 3 – 1　专家调研法指标选择流程

专家调研法有以下几个特点：

（1）匿名性。向专家分别发送咨询表，参加咨询的各专家互不知晓，这样就消除了专家相互间的影响；

（2）反馈性。对每一轮的结果做出统计，并将统计结果作为反馈材料发给各专家，为下一轮评估提供参考；

（3）统计性。最后采用数学上的统计方法对咨询结果进行处理，对专家意见的定量处理是专家调研法的一个重要特点。

这种指标选择方法可适用于所有的评价对象，主要优点在于专家不受任何外界因素的干扰，能够充分发挥各专家的主观能动性，集中专家的集体智慧，在大量广泛收集相关信息的基础上，最终可得到较合理的评估指标体系。专家调研法的主要缺点是耗费的人力物力较多，同时所需要的时间相对较长。该方法的关键是专家人选以及确定专家的合理人数。

3.2 预警指标的研究现状

矿山排土场的预警指标需要借鉴矿山边坡领域的研究成果，矿山边坡和排土场的赋存介质是岩土，又是与自然条件密切相关的一个系统工程，在考虑灾害预警指标时必须既考虑矿山边坡和排土场本身的工程因素，又考虑边坡和排土场所处的地形地质条件以及其他因素的影响。

边坡和排土场灾害预警指标的选取没有统一的规定，不同的研究人员所选取的评价指标也各不相同。

金海元（2011）充分考虑了某岩石高边坡的实际情况，收集大量的边坡地质资料和现场监测数据，构建了图3－2边坡监测预警指标体系。

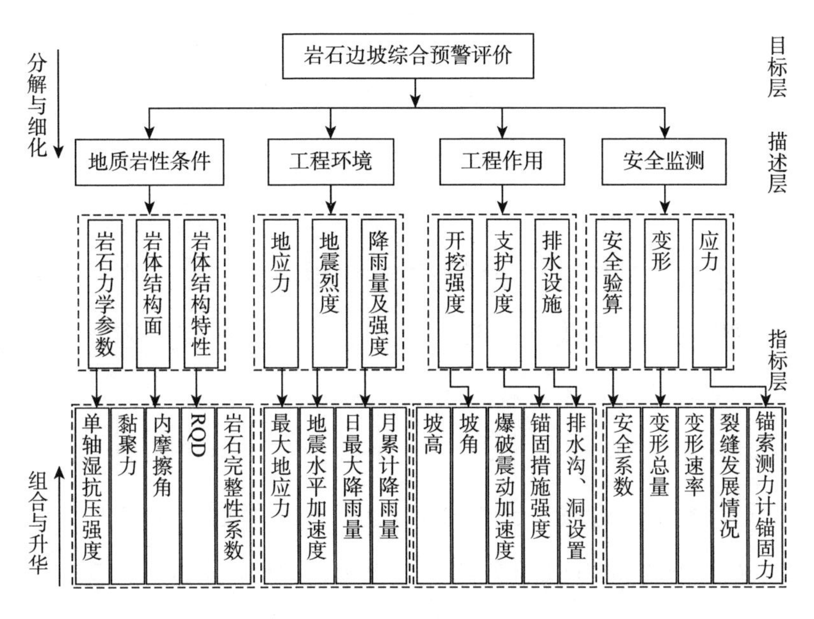

图3－2　岩石边坡监测预警评价指标

李聪、姜清辉、周创兵等（2011）搜集整理了国内外典型滑坡失稳过程及监测分析资料，归纳了31个大型岩质滑坡的特征、地质条件、失稳过程、深部及外观监测资料。将滑坡特征属性分为破坏模式、滑面倾角、滑面类型、边坡岩体结构、边坡倾角、滑坡的诱发因素（降雨、地下水、水库蓄水、开挖、爆破、地震）6大项，共11个特征值表示边坡的特征属性。

李东升（2006）在博士论文中通过滑坡产生条件，确定对滑坡事件最有利的因素组合。考虑相关因素对边坡稳定的影响，根据其对边坡稳定的作用方式、破坏效应相似的原则，进行边坡危险性指标分类。评价指标由地质环境因素、动力环境因素、人类工程经济活动因素 3 类一级指标，和地形、地貌、岩性、斜坡结构、滑面、构造条件、水文地质、变形条件、气候条件、地震、环境动力地质作用、活动状况、自然环境 13 个二级指标以及 21 个三级指标所组成。

陈胜波（2005）认为工程岩体的力学行为受到天然地质环境状态（地质与构造、地层与岩性、地应力、地下水、工程环境）和人为施工方式（工程体结构、施工方法与工艺、安全与支护）两个方面 8 大主控因素所控制。

林孝松（2010）在博士论文中构建了由地形地貌、地质条件、气象条件、边坡岩土性质、地震和工程建设工艺 6 大因素共 25 个评价指标组成的公路边坡整体安全评价指标体系。

谢旭阳、王云海、张兴凯等（2008）从尾矿库本身安全、地质条件、气象条件、人为因素 4 个方面分析了尾矿库灾害的影响因素；根据预警指标选取的原则，结合尾矿库事故对下游人员和财产的影响，建立了尾矿库区域预警指标体系；选取尾矿库危险等级、地形坡度、地质构造及条件、最新日降雨量、5 日累计降雨量、采矿现象、爆破现象、下游人数、下游财产 9 个指标作为尾矿库区域预警指标；根据尾矿库预警级别，确定了尾矿库预警指标的取值范围。尾矿库区域预警指标体系的建立为尾矿库的区域预警提供了基础依据。

马福恒、何心望、吴光耀（2008）分析了影响土石坝安全的主要因素，将其失事模式主要分为洪水漫顶、渗透破坏、滑坡以及其他破坏等形式，从而建立了土石坝的风险预警指标体系。土石坝滑坡失事模式风险预警指标体系网络结构如图3－3所示。

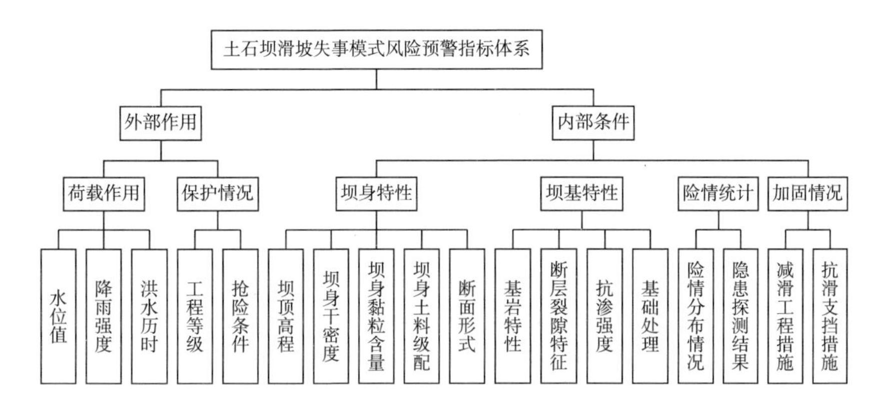

图3－3　土石坝滑坡失事模式风险预警指标体系网络结构

3.3　贵州矿山排土场灾害预警指标体系

排土场灾害预警指标体系的构建是排土场灾害监测预警系统的核心内容，必须客观、全面、及时地反映排土场的安全状况。排土场滑坡等灾害事故的发生是一个渐变的过程，刚开始时变化比较缓慢。随着时间的推移，边坡变形逐渐加速，临近滑坡事故时发展速度较快。根据排土场滑坡预警的要求，可以将预警分为短期预警和中长期预警。当排土场边坡变形比较快时，需要进行短期预警，以便及时采取有效的事故预防措施或应急措施。在排土场正常运行期间，可以进行中长期预警，综合各个预警指标得到排土场滑坡预警等级。

根据文献分析以及排土场滑坡发生的实际情况，并考虑排土场边坡监测系统的组成情况，贵州矿山排土场灾害预警指标体系分为单一预警指标和综合预警指标两部分，如图3－4所示。

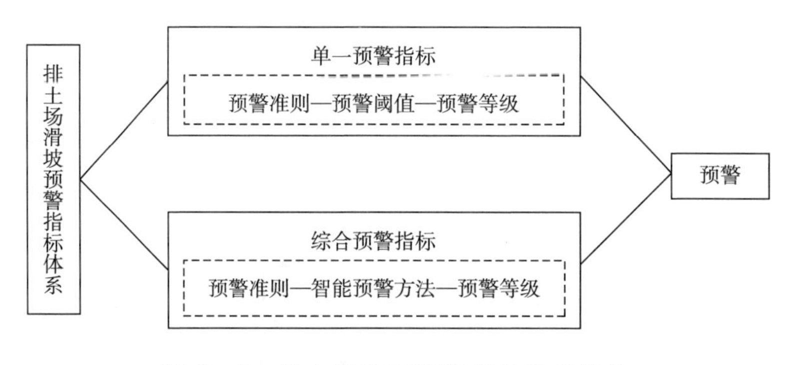

图3－4 排土场灾害预警指标体系结构

3.3.1 单一预警指标

单一预警指标需要快速确定排土场的稳定状况，指标值的变化对边坡的稳定性产生重大影响。根据现场调研和文献分析，初步选定地表位移（即表面位移）、内部位移、降雨量、孔隙水压力、岩土内部应力5个指标作为单一预警指标，采用专家评分法确定3个指标作为单一预警指标。选取至少15位专家，要求从5个指标中选取3个指标并排序，然后计算每个指标的得分，排在前三位的作为最终的单一预警指标。每个指标的得分计算公式为：

$$s_j = \sum_{i=1}^{3} B_i N_i \quad j = 1,2,3,4,5 \tag{3-1}$$

式中，s_j——第 j 个指标的总得分；

B_i——排在第 i 位指标的得分，排在第一、二、三位的得分分别为3，2，1；

N_i——将第 j 个指标排在第 i 位的专家人数。

根据计算结果，最终选取地表位移、内部位移、降雨量3个指标作为矿山排土场滑坡的单一预警指标，如图3－5所示。这3个指标中，只要有一个指标的监测值达到了预警阈值，就发出预警信息。

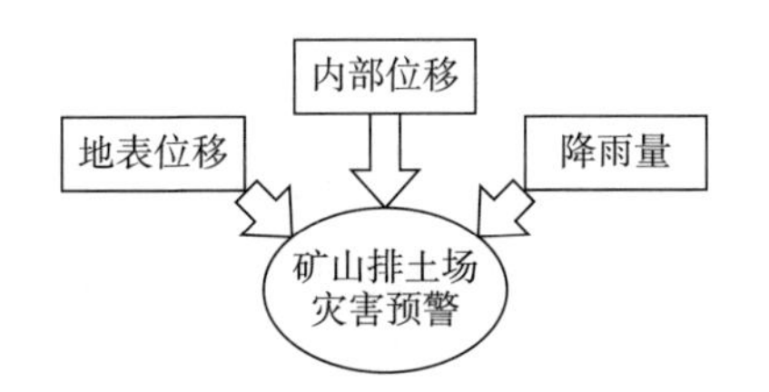

图3－5　排土场灾害单一预警指标

1. 地表位移

地表位移是最直观、最能反映排土场边坡变化趋势的观测指标，根据滑坡体的实际情况，地表位移主要监测指标为水平位移、垂直位移变化。地表位移监测点布设于滑坡体地形地貌特征点或者构造物上（抗滑桩、挡墙、锚索框架梁等），布设原则宜覆盖危险部位。地表位移监测点应组成纵横网络，以便综合反映滑坡体的地表变形。

地表位移监测设备主要采用GPS在线监测，其优点是可以在线监测地表的实时变化情况，受地表植被影响小，一次性安装，后期监测费用低。

2. 内部位移

边坡内部位移监测能直接反映滑坡体多层变形特征和滑动带的位置，是滑坡监测的必备内容。内部位移监测主要采用固定式测斜仪，通过钻孔埋设在边坡上。前期投入高，一次性安装，实现在线监测，后期监测成本低。监测参数主要包括深部裂缝、滑动带等点与点之间的绝对位移量和相对位移量，包括张开、闭合、错动、抬升、下沉等。

3. 降雨量

根据我国边坡灾害的统计，降雨诱发的边坡灾害约占灾害总数的65%以上，降雨与边坡滑坡的关系在国内外大量滑坡研究中得到重视。降雨量的监测采用布设于滑坡体上的翻斗式雨量计，可得到短时降雨量和平均降雨量。

3.3.2 综合预警指标

矿山排土场滑坡综合预警指标需要综合考虑排土场自身岩土的特性、安全生产情况、外部影响因素等。笔者根据文献分析和现场调研，搜集了100多组排土场滑坡事故实例，提取滑坡事故的特征信息，建立了滑坡事故数据库。根据综合分析的结果，建立排土场滑坡综合预警指标，包括综合预警主指标和修正指标。

1. 综合预警主指标

矿山排土场滑坡综合预警主指标如图 3－6 所示，包括 3 个一级指标和 10 个二级指标。

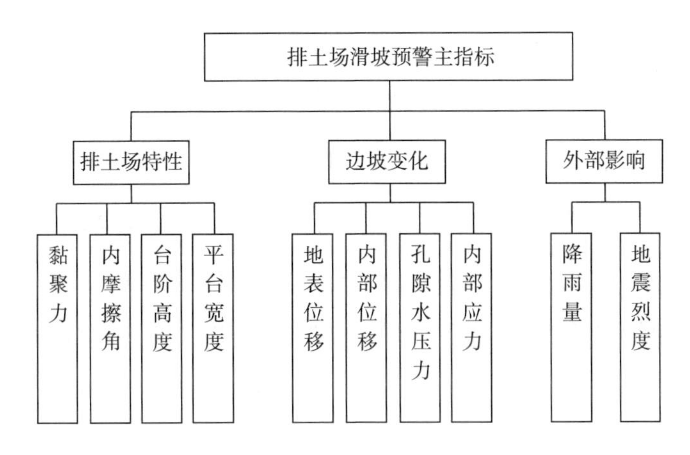

图 3－6　矿山排土场灾害综合预警主指标

(1) 黏聚力和内摩擦角

土的抗剪强度由滑动面上土的黏聚力（阻挡剪切）和土的内摩擦阻力两部分组成，因而内摩擦角与黏聚力是土抗剪强度的两个力学指标。土的抗剪强度指土对剪切破坏的极限抵抗能力，土体的强度问题实质是土的抗剪能力问题。黏聚力是岩土内部相邻各部分之间的相互吸引力，内摩擦角大小取决于岩土粒间的摩擦阻力和连锁作用，反映了岩土的摩阻性质。

排土场岩土的内摩擦角与黏聚力通过现场取样在实验室进行测定。土体的黏聚力和内摩擦角与土的性质有关，还与实验方法、实验条件有关。因此，谈及强度指标时，应注明它的试验条件（直剪实验、单轴压缩、三轴压缩试验等）。

（2）台阶高度和平台宽度

排土场边坡属于矿山剥离的散体物料堆积而成的边坡，边坡体为矿山剥离的岩土块、水分和孔隙三元介质体。其边坡的形式由排土工艺确定，按排土堆置顺序，排土场分为单台阶式、多台阶覆盖式、多台阶压坡脚式3种形式。多台阶覆盖式排土场是按一定台阶高度的水平分层由下而上逐层堆置。排土场边坡台阶边坡角为散体物料的自然安息角。排土场的稳定性不仅和单台阶的高度有关，还和平台的宽度有着直接的联系，选择合理的平台宽度既可以满足排土场整体稳定的需要，同时也能为矿山取得好的经济效益创造有利条件。台阶高度和平台宽度可以通过现场实测得到。

（3）孔隙水压力

孔隙水压力是指土壤或岩石中地下水的压力，该压力作用于微粒或孔隙之间，是导致滑坡的推动力。孔隙水压力分为静孔隙水压力和超静孔隙水压力。对于无水流条件下的高渗透性土，孔隙水压力约等于没有水流作用下的静水压力。对于有水流条件下的高渗透性土，其孔隙水压力计算比较复杂。孔隙水压力是由作用在土体单元上的总应力发生变化导致的。监测孔隙水压力测量结果可以推算土体中有效应力。孔隙水压力的监测设备为孔隙水压力计，通过测量结果可以推算岩土体中的有效应力，一般埋置在理论滑动面的上部、中部和下部。

（4）内部应力

边坡岩土内部应力可以通过土压力计测定，反映了边坡局部区域的岩土应力变化。实测过程中，颗粒特性不同，对应的监测值也会不同。因此，为了更好地运用土压力计进行现场压力的准确测试，需对岩土体力学参数进行实地勘测并进行理论分析，然后选择合适的土压力计，以此指导实际工程设计和施工。

（5）地震烈度

地震烈度对边坡稳定有重要影响。地震烈度是指地震时某一地区的地表和各类建筑物遭受一次地震影响的强弱程度。一次地震发生后，根据建筑物破坏的程度和地表变化的状况，评定距震中不同地区的地震烈度，绘出等烈度线，作为对该次地震破坏程度的描述。因此，地震烈度主要是说明已经发生的地震影响的程度。1957 年编成的《新的中国地震烈度表》是 12 度烈度表，和 M－C－S 或 MM12 度烈度表类似，1～5 度是无感（只能仪器记录）至有感的地震，6 度有轻微损坏，7 度以上为破坏性地震，9 度以上房屋严重破坏甚至倒塌，并有地表自然环境的破坏，11 度以上为毁灭性地震。

2. 综合预警修正指标

排土场综合预警修正指标主要包括土壤含水量、下游人员及财产情况，针对不同排土场的实际情况还可以增加相应指标，如地表裂缝、应变量等。修正指标对综合预警主指标或者综合预警值进行修正。

（1）土壤含水量

土壤含水量对黏聚力和内摩擦角会产生一定影响，通过土壤含水计的测定值对黏聚力和内摩擦角进行修正，根据实验室测试结果确定。根据文献《土壤含水率与土壤碱度对土壤抗剪强度的影响》的研究成果，土壤黏聚力随着土壤含水率的增加基本上呈先增大后减小之趋势；当土壤含水率在0.10左右时，黏聚力达到最大值。土壤内摩擦角随着土壤含水率的增加而线性减小。土壤含水量主要用土壤含水计来测定，土壤含水量的大小对物料的黏聚力和内摩擦角的确定起到一定的作用。

（2）下游人员及财产情况

排土场下游的人员和财产情况会影响排土场灾害预警的等级，根据多指标综合预测模型计算出来的预警等级，要结合排土场下游的实际情况，包括人员和财产的数量，来综合确定排土场的灾害预警等级。

下游人员及财产情况对综合预警值的修正按下式计算：

$$Q = kQ_0 \tag{3-2}$$

式中：Q——排土场滑坡综合预警实际值；

k——下游人员及财产情况修正系数，根据下游人员数量及财产价值确定，与其成正比；

Q_0——由综合预警主指标计算得到的综合预警值。

（3）地表裂缝

在人工巡查的过程中，如发现排土场地表存在裂缝但不严重的情况，需要安装裂缝计对排土场的地表裂缝变化进行实时监测，一旦裂缝有扩大趋势，立即处理。

（4）应变量

排土场的下游都会建有挡土墙，用于防止滑坡对下游农田和村庄的影响，对于挡土墙应变量的监测主要采用应变计，当挡土墙发生破坏时，应变计会显示异常，矿山要立即对其进行修复。

3. 多指标综合预警的系统模型

排土场灾害预警模型不是一个线性系统，在对排土场稳定性进行安全预警和评估时，不应该只对一种特定的信息做出处理，为了简要说明多指标信息融合的过程，图 3－7 给出了多指标信息融合系统的功能模型。整个系统分为三个层级，分别是数据采集层、数据信息融合处理层和预警管理及决策层，其中，数据信息融合处理层是系统的融合中心。

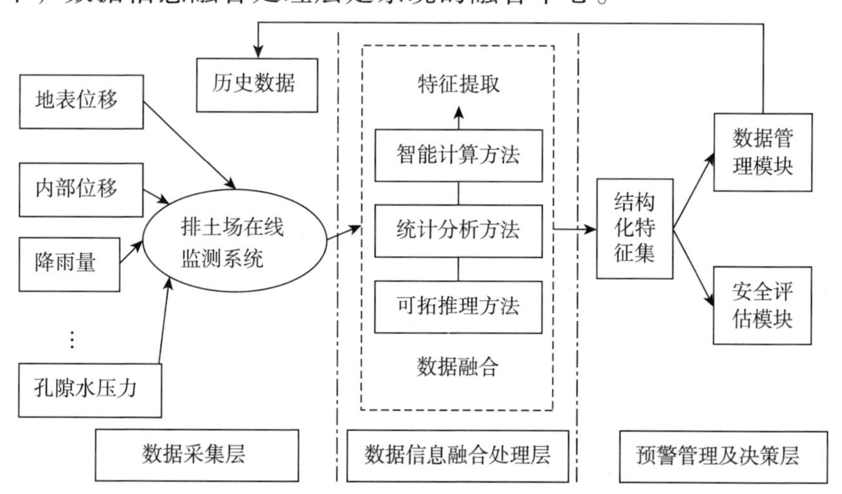

图 3－7　多指标信息融合系统功能模型

数据采集层提取的数据包括运用各种监测设备获取的数据。数据信息融合处理层的核心内容是基于数据融合的特征提取技术，为实时安全评估进行决策提供精确的数据，特征提取技术包括关联、识别、数据整合等，在这一部分可以采用几种方法实现对排土场安全特征的提取并形成结构化的特征集。数据融合可以采用的算法有：可拓理论、案例推理方法、人工神经网络方法、智能计算方法。

3.4 预警级别和预警准则

3.4.1 预警级别的划分

根据《国家突发公共事件总体应急预案》中的规定，各类突发公共事件按照其性质、严重程度、可控性和影响范围等因素，一般分为4级：Ⅰ级（特别重大）、Ⅱ级（重大）、Ⅲ级（较大）和Ⅳ级（一般）。预警级别依据突发公共事件可能造成的危害程度、紧急程度和发展势态，一般划分为4级：Ⅰ级（特别严重）、Ⅱ级（严重）、Ⅲ级（较重）和Ⅳ级（一般），依次用红色、橙色、黄色和蓝色表示。

根据《国家突发公共事件总体应急预案》《国家安全生产事故灾难应急预案》中对事故预警的相关规定，并参照地质灾害预警等级的划分标准，将矿山排土场滑坡事故的预警等级分为4级：Ⅰ级、Ⅱ级、Ⅲ级和Ⅳ级，预警等级的具体含义及需要采取的应急措施如表3－1所示。

表3－1　排土场灾害预警级别的划分及应急措施

预警级别	预警信号	含义	应急措施
Ⅰ级	红色	特别严重阶段，滑坡体的位移急剧增大，滑坡发生可能性非常大	无条件紧急疏散排土场附近的居民和矿山作业人员，关闭相关道路，组织人员准备抢险，加强监测，密切关注排土场临滑迹象
Ⅱ级	橙色	严重阶段，滑坡体的位移显著增大，滑坡发生可能性大	暂停排土场附近的户外作业，转移危险地带居民，各级领导到岗准备应急措施。视企业情况，准备抢险队伍，密切注意雨情变化
Ⅲ级	黄色	较重阶段，滑坡体的位移明显变化，滑坡发生可能性较大	通知监测人员查看排土场失稳的隐患点情况，采取防御措施，提醒排土场下游的居民、厂矿、学校、企事业等单位密切关注天气预报
Ⅳ级	蓝色	一般阶段，滑坡体位移有异常变化，滑坡发生可能性一般	加强排土场的监测和巡查

3.4.2　预警准则的确定

1. 单一指标预警准则

本项目采用数值模拟的方法确定单一预警指标的预警准则，以瓮福磷矿翁章沟排土场为例。根据《瓮福磷矿穿岩洞矿翁章沟排土场土体力学参数试验》所得细粒土、粗粒土力学参数，结合以往学者在粗粒土物理参数方面的研究成果，此次数值模拟基本参数如表3－2所示。

表 3－2 数值模拟参数

名称	重度 /kN·m^{-3}	弹性模量 /MPa	泊松比	黏聚力 c/kPa	内摩擦角 /°	体积模量 /MPa	剪切模量 /MPa
回填土体	1800	25	0.3	75.1	19.6	21.67	10.00
基岩	2300	200	0.2	150.0	35.0	111.11	83.33

参照本项目调研报告及《瓮福（集团）有限责任公司瓮福磷矿二期接替穿岩洞矿段初步设计》中关于排土场初步设计的相关资料，在 FLAC3D 软件中建立假三维数值计算模型，模型尺寸如图 3－8 所示。

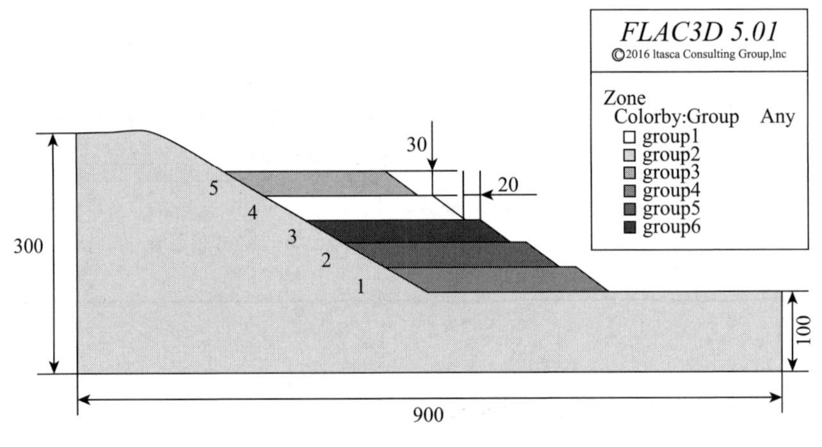

图 3－8 计算模型

（1）现状边坡安全稳定性计算

根据表 3－2 给出的计算参数，模拟并分析在仅受重力作用下现状排土场边坡体的安全稳定性情况，输出位移变形云图，使用软件自带的强度折减计算命令流模拟现状条件下的边坡安全系数。计算结果如图 3－9 和图 3－10 所示，此时排土场

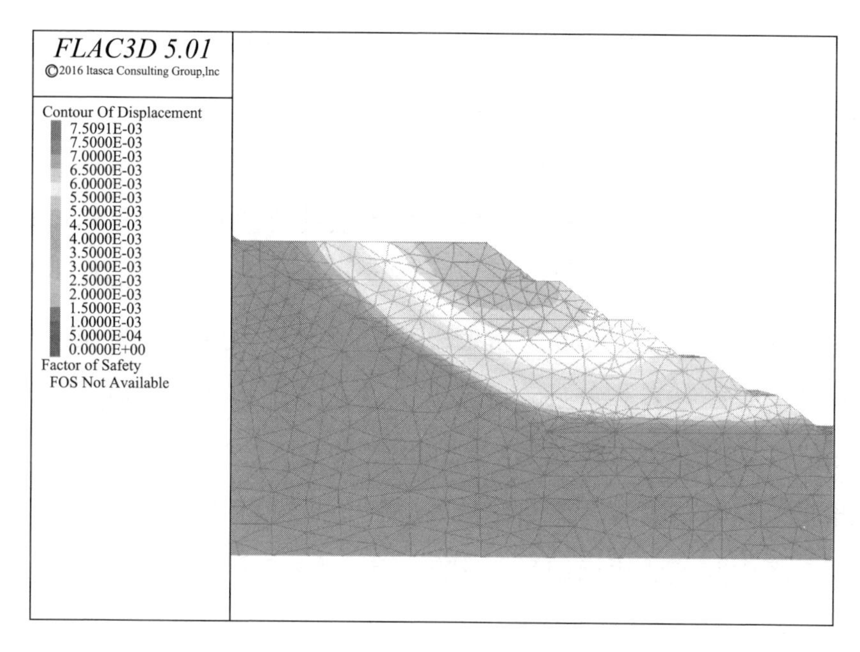

图 3-9　排土场边坡体位移变形云图

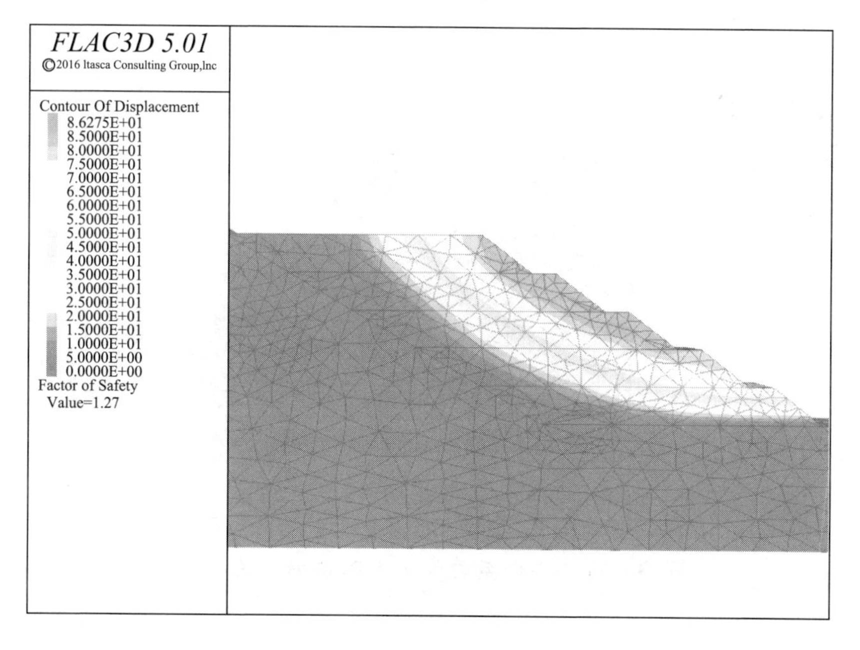

图 3-10　现状边坡强度折减结果

最大变形量为0.71cm，位于最上层土体靠近临空面位置，此时边坡安全系数为1.27，处于稳定状态。

（2）边坡坡面、坡体内部位移变形临界值标定

按照边坡工程中对于坡体安全系数的相关规范，我们可根据边坡安全系数将边坡分级，故依据相关规范和FLAC3D中的强度折减原理对边坡体的黏聚力和内摩擦角参数进行折减，得到安全系数为1.1、1.15、1.2、1.25状态的边坡计算模型，计算结果见图3－11到图3－14。以此状态下的边坡位移变形情况作为坡面、坡体内部变形量的临界值，并标出边坡体边界范围（图中灰色曲线标记）。

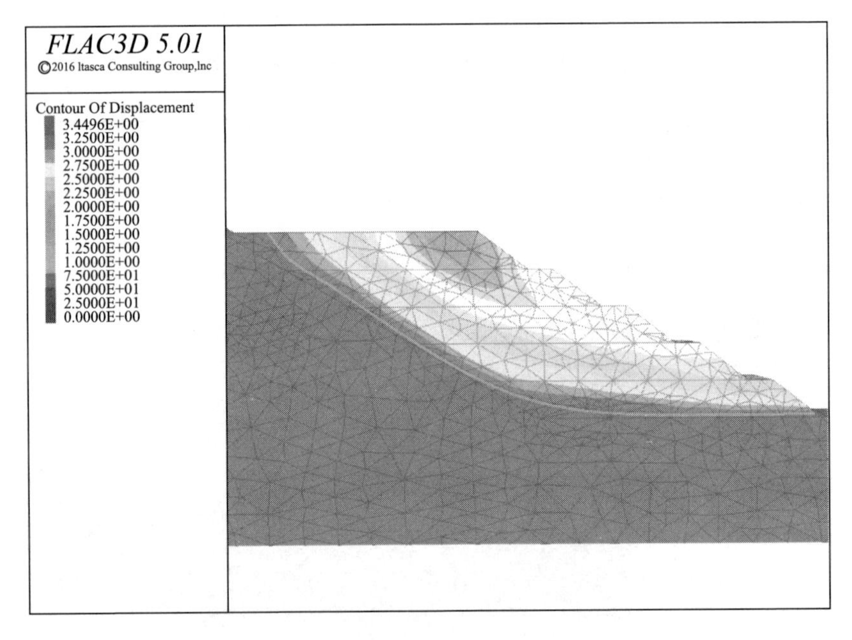

图3－11　安全系数为1.1时边坡位移变形

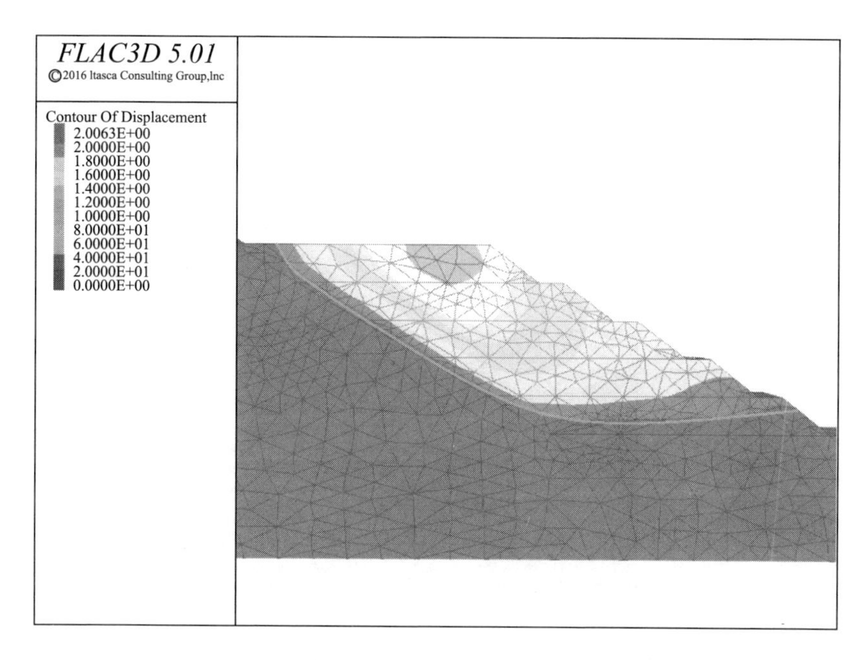

图 3-12　安全系数为 1.15 时边坡位移变形

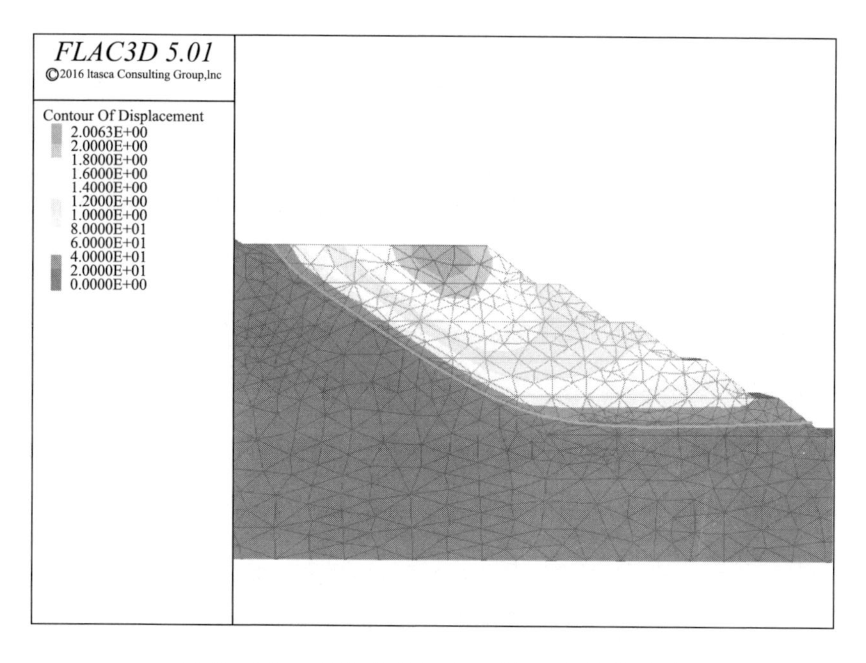

图 3-13　安全系数为 1.2 时边坡位移变形

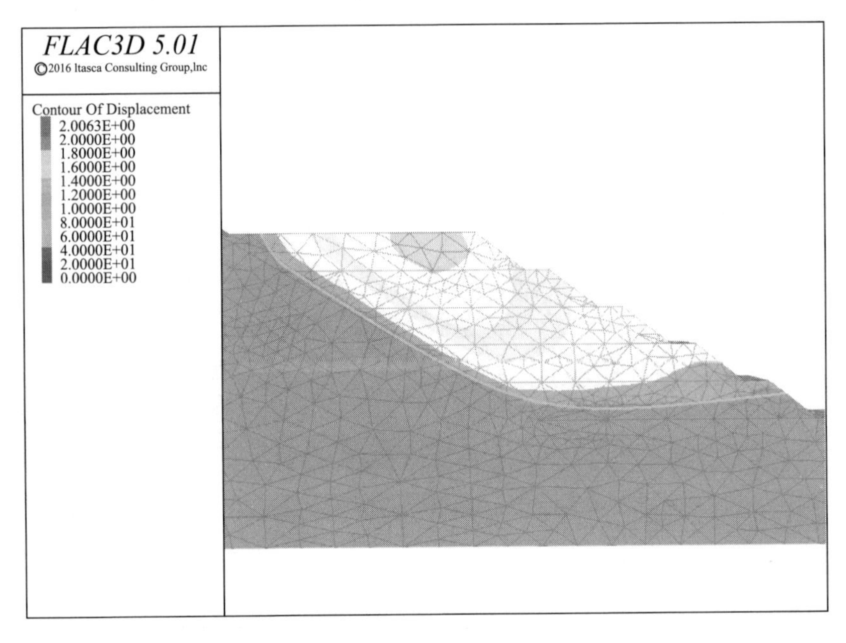

图 3－14 安全系数为 1.25 时边坡位移变形

根据排土场施工顺序，从下至上对各级台阶进行标号（标号 1～5），其中灰色标记线以下为原始山坡体形态。选取 1～4 号台阶的安全平台中心位置和 5 号台阶计算所得位移变形最大位置作为坡体表面位移监测位置。坡体内部变形监测以计算所得滑动带边界位移数值进行标定，不设置特殊的监测点。

根据模拟结果，得到稳定后的排土场灾害预警指标与预警等级的对应关系，如表 3－3 所示。

表 3－3　排土场灾害单一预警指标与预警等级

预警指标	红	橙	黄	蓝
地表位移（mm）	>100	(70，100]	(50，70]	(30，50]
内部位移（mm）	>80	(50，80]	(30，50]	(20，30]

（3）强降雨条件下边坡安全稳定性分析

根据瓮福矿穿岩洞翁章沟排土场气象简报，该区域历年最大日暴雨量146mm，最大连续暴雨量200.6mm，最大月降雨量346.6mm。该模拟中涉及的降雨量是根据气象部门划分的降雨强度为准，具体强度详见表3－4。因此，最终降雨量优先设定为15mm、30mm、60mm、90mm、105mm、120mm、135mm、150mm。

表 3－4　降雨强度划分

12h 降雨量/mm	降雨强度等级
[15，30)	中雨
[30，60)	大雨
[60，90)	暴雨
[90，150)	大暴雨
≥150	特大暴雨

数值模拟结果如图3－15到图3－20所示。

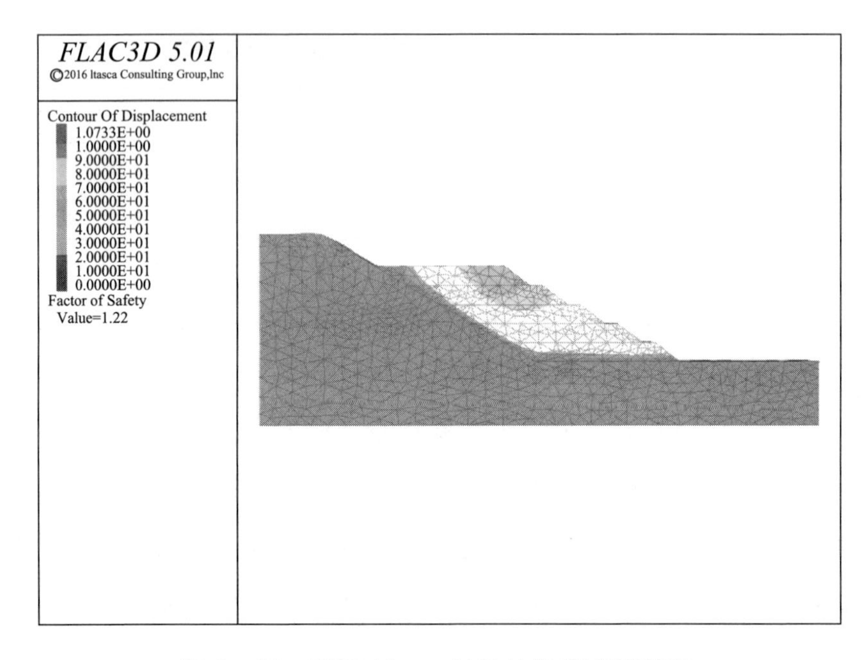

图 3－15　降雨 15mm 时边坡位移变形情况

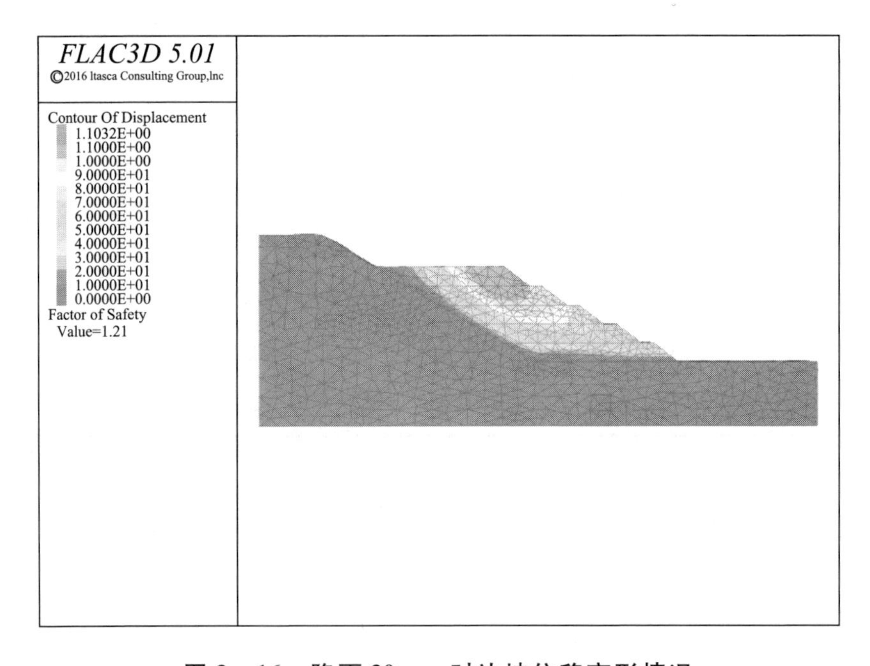

图 3－16　降雨 30mm 时边坡位移变形情况

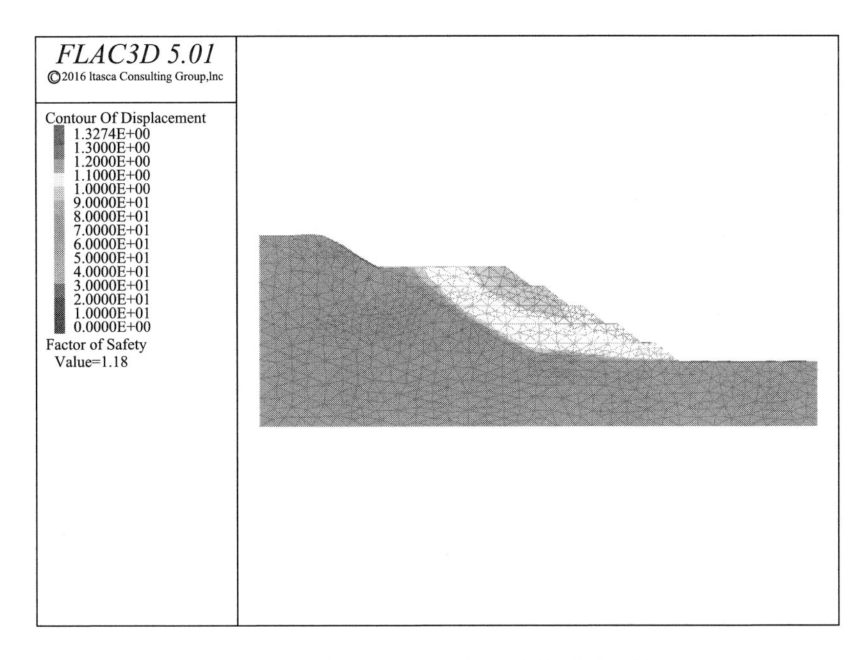

图 3－17 降雨 60mm 时边坡位移变形情况

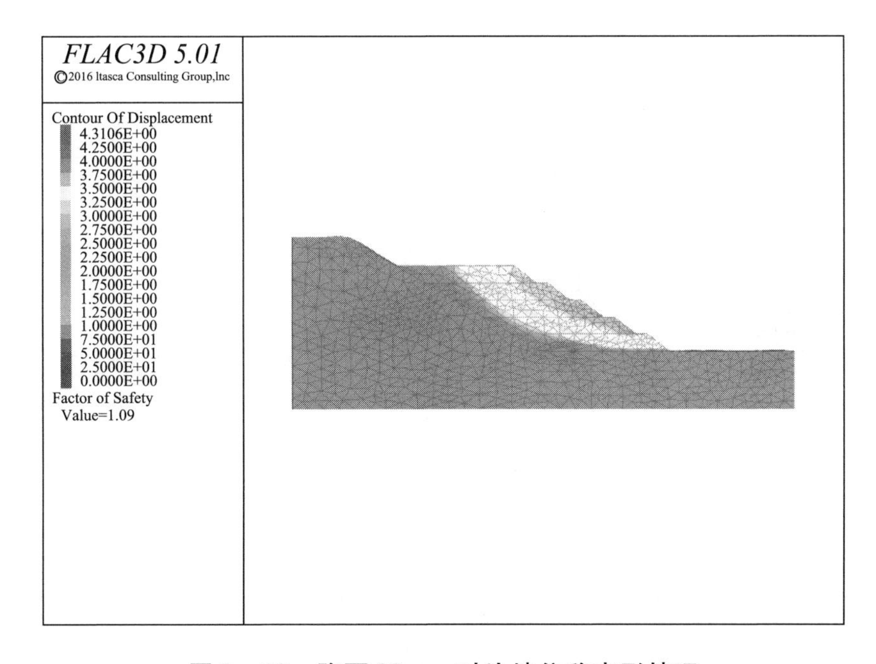

图 3－18 降雨 90mm 时边坡位移变形情况

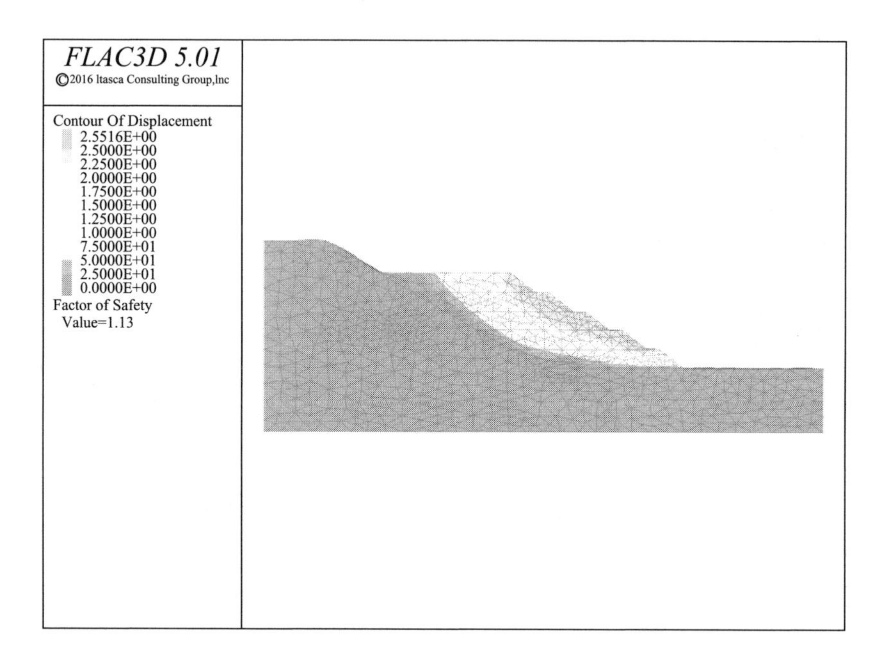

图 3-19 降雨 105mm 时边坡位移变形情况

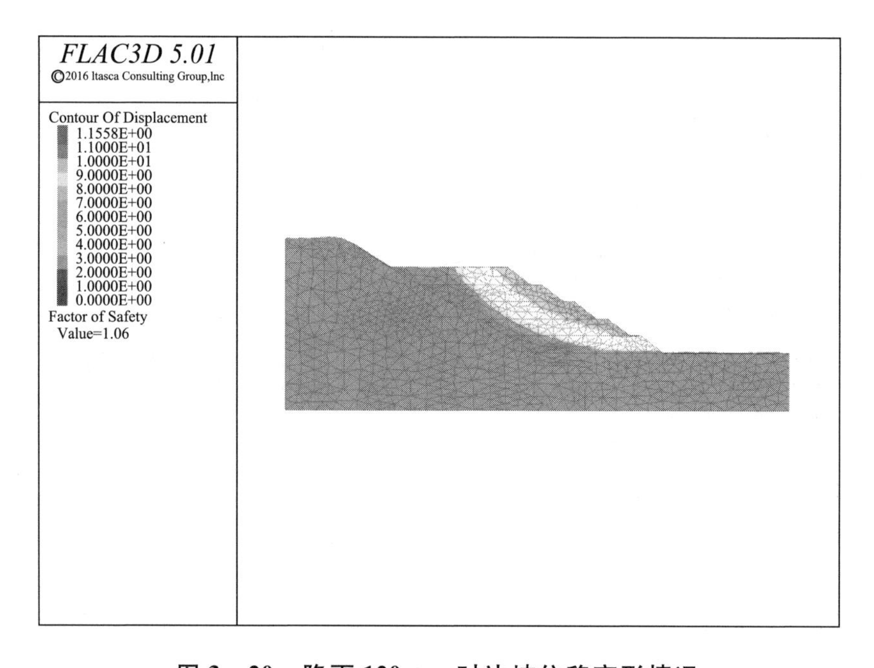

图 3-20 降雨 120mm 时边坡位移变形情况

根据数值模拟结果的分析，降雨量与排土场灾害预警等级的对应关系如表3－5所示。

表3－5　降雨量预警指标与预警等级

预警指标	红	橙	黄	蓝
降雨量（mm）	>120	(90，120]	(40，90]	(20，40]

2. 多指标综合预警准则

预警指标的阈值确定，目前没有一种公认的方法，本项目对各预警指标对应于四个预警等级的取值范围界定主要是结合现场实际调研、征求专家意见、借鉴相关文献等方法综合确定，如表3－6所示。

表3－6　排土场灾害综合预警指标的预警准则

序号	预警指标	Ⅰ	Ⅱ	Ⅲ	Ⅳ	Ⅴ
1	地表位移（mm）	>100	(70，100]	(50，70]	(30，50]	≤30
2	降雨量（mm）	>120	(90，120]	(40，90]	(20，40]	≤20
3	内部位移（mm）	>80	(50，80]	(30，50]	(20，30]	≤20
4	孔隙水压力（kPa）	>6	(5，6]	(4，5]	(3，4]	≤3
5	黏聚力（kPa）	<10	[10，15)	[15，25)	[25，40)	≥40
6	内摩擦角（°）	<20	[20，25)	[25，30)	[30，35)	≥35
7	台阶高度（m）	>50	(40，50]	(30，40]	(20，30]	≤20
8	平台宽度（m）	<5	[5，10)	[10，15)	[15，20)	≥20
9	内部应力（kPa）	>50	(40，50]	(30，40]	(25，30]	≤25
10	地震烈度	>8	(7，8]	(6，7]	(4，6]	≤4

注：Ⅴ级无警，不需要应急。

3.5 矿山排土场灾害预警指标权重的确定

3.5.1 预警指标权重的确定方法分析

目前，指标权重的确定方法主要有主观赋权法和客观赋权法两种，其优缺点如表3－7所示。主观赋权法主要包括Delphi法、专家打分法、层次分析法，客观赋权法主要包括主成分分析法、熵值法、灰色关联分析法、未确知有理数法等。

表3－7 指标权重的确定方法

权重的确定方法	基本描述	优点	缺点	典型方法
主观赋权法	主观赋权法是一种定性分析方法，它基于决策者主观偏好或经验给出指标权重	体现了决策者的经验判断，权重的确定一般符合现实	没有考虑评价指标间的内在联系，无法显示评价指标的重要程度随时间的渐变性	Delphi法、专家打分法、层次分析法
客观赋权法	客观赋权法是一种定量分析方法，它基于指标数据信息，通过建立一定的数理推导计算出权重	有效地传递了评价指标的数据信息与差别	忽视了决策者的知识与经验等主观偏好信息，把指标的重要性同等化，有时会出现权重不合理的现象	主成分分析法、熵值法、粗糙集法、灰色关联分析法、未确知有理数法、模糊聚类分析法

1. 主观赋权法

主观赋权法是根据决策者对各项评价指标的主观重视程度

来赋权的一种方法，其典型方法的优缺点介绍如表 3－8 所示。Delphi 法、专家打分法、层次分析法等方法都基于对各项指标重要性的主观认知程度，具有一定的主观随意性。

表 3－8　主观赋权法典型方法的优缺点

	基本描述	优点	缺点
专家打分法、Delphi 法	由专家依据指标的主观重要程度直接给出其权重	简便、直观、计算方法简单。适用范围较广，特别是对一些定性的模糊指标仍可做出判断	在一定程度上存在主观性，如专家选择不当则可信度更低。目标较多时很难做到客观、合理，且不容易保证判断思维过程的一致性
层次分析法	基本原理是根据问题的性质和目标，按照因素之间的相互影响和隶属关系分层聚类组合，由专家根据个人对客观现实的判断对模型中每一层次因素的相对重要性给予定量标度，确定每一层次全部因素相对重要性次序的权重，通过综合计算各因素相对重要性的权重，得到相对重要性次序的组合权重	不需要具备样本数据，专家仅凭对评价指标内涵与外延的理解即可做出判断。适用范围较广，特别是对一些定性的模糊指标仍可做出判断，且在判断过程中可以吸纳更多的信息	层次分析法判断矩阵的一致性问题是制约其应用的关键，而且在实践中，由于客观事物的复杂性，用准确的数据来描述相对重要性不甚现实

2. 客观赋权法

客观赋权法是利用各项指标值所反映的客观信息，如决策矩阵、平均值、方差或标准差等确定权重的一种方法，其典型方法的优缺点介绍如表 3－9 所示。客观赋权法能够反映指标自身的客观标准，但确定方法较为困难。

表 3－9　客观赋权法典型方法的优缺点

	基本描述	优点	缺点
主成分分析法	其思想是从简化方差和协方差的结构来考虑降维，把多个指标化为少数几个主成分的统计分析方法，这些主成分能够反映原始指标的绝大部分信息	消除指标间的信息重叠，而且能根据指标所提供的信息，通过数学运算主动赋权	所需样本数据较多。仅能得到有限的主成分或因子的权重，而无法有效获得各个独立指标的客观权重
熵值法	确定权重的依据来自指标数据，而不是指标本身。熵值法根据数据的无序程度确定权重。在信息论中，熵值反映了信息的无序化程度，可以用于度量信息量的大小。某项指标携带的信息越多，对决策的作用越大，熵值越小，则表示系统的无序度越小	深刻地反映了指标信息熵值的效用价值，其给出的指标权重有较高的可信度	缺乏各指标之间的横向比较，又需要样本数据，在应用上受到限制
灰色关联分析法	采用关联度来量化研究系统内各因素的相互联系、相互影响与相互作用	灰色关联评价对数据要求较低，对样本量的多少没有过多要求，计算量小，适用于多指标综合评价	灰色关联评价中的权重确定问题对评价结果有较大影响
模糊聚类分析法	基于样本模糊数据的相似性，对评价指标群体做出相对重要程度分类	适用于模糊指标的重要程度分类，特别适用于同一层次有多项指标的情况	只能给出指标分类的权重，而不能确定单项指标的权重

续表

	基本描述	优点	缺点
未确知有理数法	基于未确知数学理论，通过建立评估指标重要性程度的未确知有理数，有效降低了专家主观性对权重量化结果的影响	不需要对指标进行两两比较，防止了新的不确定性引入，可进一步降低计算过程中的主观性影响。与层次分析法相比，计算过程大为简化，计算结果也更加切合实际	应用较少
粗糙集法	粗糙集是一种研究不完整、不确定知识和数据的表达、学习、归纳的理论方法，具有不需要先验知识的特点，是一种处理不确定性问题的数学工具	能处理不完整的数据及多变量的数据。处理信息无须任何先验的知识，避免了数据处理中人为因素的影响	忽视了权重为0的实际意义

主观赋权法和客观赋权法各有优缺点。主观赋权法简便，可以利用评价人员的知识与经验进行赋权，但对评价人员的经验要求较高，且容易受到他们的知识与经验等主观偏好的影响；客观赋权法能有效传递评价指标的数据信息与差别，评价结果客观、科学，但要依赖足够的样本数据和实际的问题域，且忽视了决策者的主观信息，有时会出现权重不合理的现象。

通过对各种指标权重确定方法的适用范围和优缺点进行比较，结合矿山排土场灾害预警指标的特点，本文采用改进的层次分析法——G1法确定指标的权重。目前，层析分析法确定权重在很多领域都有实际应用，但该方法在遇到因素较多、指标规模较大的问题时，建立的判断矩阵往往都不是一致矩阵，这就导致评价指标间权重排序关系的错乱，往往难以进一步分组。心理学实验表明，当被比较的元素超过 9 个时，判断就不准确，不能直接应用层次分析法。传统的层次分析法在进行矩阵一致性检验时，如果判断矩阵不具有一致性，就破坏了层次分析法方案优选排序的主要功能，还需重新构造、计算，直到通过为止，计算量大，精度不高。G1 法是郭亚军提出的一种主观赋权法，它通过对层次分析法进行改进，避开了层次分析法的缺点，在确定各指标权重过程中不需要构造矩阵，最大的特点就是能满足一致性要求，不需要另行检验。

3.5.2 G1 法的基本理论

1. 传统层次分析法的基本原理

层次分析法（Analytic Hierarchy Process，AHP）是美国著名的运筹学家 T. L. Saaty 等人在 20 世纪 70 年代提出的一种定性与定量分析相结合的多准则决策方法。具体地说，它是指将决策问题的有关元素分解成目标、准则、方案等层次，用一定的标度对人的主观判断进行客观量化，在此基础上进行定性分析和定量分析的一种决策方法。它把人的思维过程层次化、数量化，并用数学为分析、决策、预报或控制提供定量的依据。它尤其适合人的定性判断起重要作用、对决策结果难以直接准确计量的场合。

一般来说，运用 AHP 解决问题，大体可以分为四个步骤：(1) 分析问题并建立问题的层次关系结构；(2) 通过两两比较，建立各层次的判断矩阵；(3) 由判断矩阵计算被比较元素相对权重；（4）计算各层元素的组合权重。具体步骤的流程如图 3－21 所示。

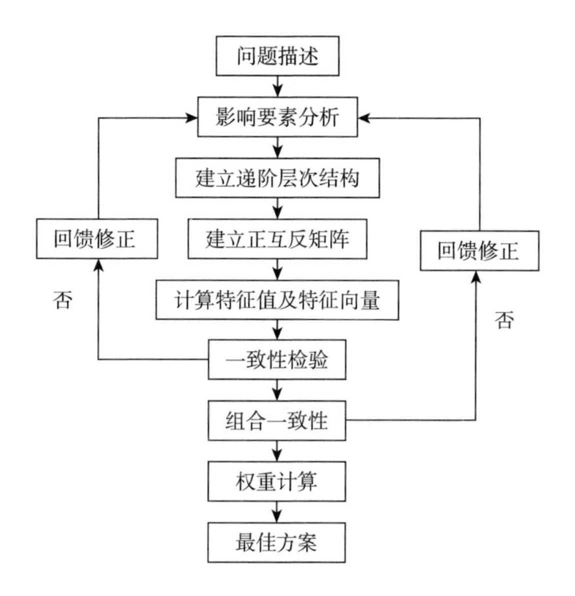

图 3－21　层次分析法流程

（1）建立问题的层次结构模型

这是 AHP 中最重要的一步。首先，把复杂问题分解为称为元素的各组成部分，把这些元素按属性不同分成若干组，以形成不同层次。同一层次的元素作为准则，对下一层次的某些元素起支配作用，同时它又受上一层次元素的支配。这种从上至下的支配关系形成了一个递阶层次。一个典型的递阶层次结构可以用图 3－22 表示出来。

（2）建立各层次的判断矩阵

各层次判断矩阵的构造是层次分析法的核心。构造判断矩阵一般根据 1～9 标度法，通过两两比较得到的商来作为矩阵

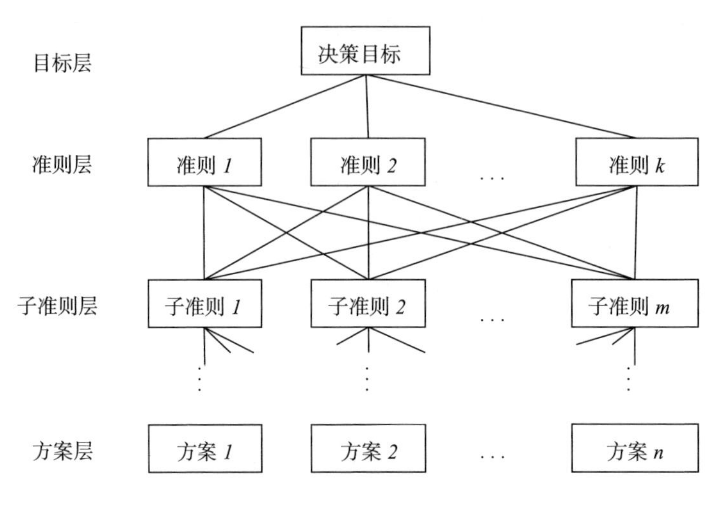

图 3－22　递阶层次结构示意

的元素。1～9 标度法是将思维判断数量化的一种好方法。在区分事物的差别时，人们总是用相同、稍强、强、明显强、绝对强的语言。如果再进一步细分，可以在相邻的两级中插入折中的提法。因此 1～9 标度法是适用的。1～9 标度法的具体含义见表 3－10。

表 3－10　1～9 标度法指标判断尺度

r_k	说明
1	指标 X_i 与指标 X_j 同样重要
3	指标 X_i 比指标 X_j 稍微重要
5	指标 X_i 比指标 X_j 重要
7	指标 X_i 比指标 X_j 明显重要
9	指标 X_i 比指标 X_j 绝对重要
2，4，6，8	对应以上两两相邻指标判断的中间情况

判断矩阵是以上一层的某一要素作为判断准则，对下一层要素进行两两比较来确定矩阵的元素值。假定以上一层的元素C_k作为准则，上层元素C_k与下层元素A_1，A_2，A_3，…，A_n，是支配关系。在准则C_k下，按其相对重要性对A_1，A_2，A_3，…，A_n赋予相应的数值。通过两两比较来建立判断矩阵A：

$$A=\begin{bmatrix} a_{11} & a_{12} & \cdots & a_{1n} \\ a_{21} & a_{22} & \cdots & a_{2n} \\ \cdots & \cdots & \cdots & \cdots \\ a_{n1} & a_{n2} & \cdots & a_{nm} \end{bmatrix} \tag{3-3}$$

关于上述矩阵 Saaty 给出了相关的定义和定理。

定义 3.1：若一个n阶矩阵$A=[a_{ij}]_{m\times n}$满足$a_{ij}>0$，$a_{ji}=\frac{1}{a_{ij}}$，$a_{ii}=1$，$\forall i, j\in\{1, 2, \cdots, n\}$，称该矩阵为正互反矩阵。

定义 3.2：若一个n阶正反判断矩阵满足$a_{ij}=a_{ik}\cdot a_{kj}$，$\forall i, j\in\{1, 2, \cdots, n\}$，则称该矩阵为完全一致矩阵。

定义 3.3：若一个n阶正反判断矩阵满足$a_{ij}=\frac{w_i}{w_j}$（$i, j=1, 2, \cdots, n$），w_i，w_j为$\lambda_{max}=n$的特征向量，称该矩阵为完全一致判断矩阵。

定理 3.1：如果矩阵$A=[a_{ij}]_{m\times n}$为正反判断矩阵，λ_{max}为其最大特征根，那么必然有$\lambda_{max}\geqslant n$。

(3) 计算单一准则下元素的相对权重

这一步要解决在准则 C_k 下，n 个元素 A_1，A_2，A_3，…，A_n 排序权重的计算问题，并进行一致性检验。对于 A_1，A_2，A_3，…，A_n 比较得到判断矩阵 A，解特征根问题 $A\omega = \lambda_{max}\omega$ 所得到的 ω 经正规化后作为元素 A_1，A_2，A_3，…，A_n，在准则 C_k 下的排序权重。

这种方法称排序权向量计算的特征根方法。在精度要求不高的情况下一般采用特征根法进行计算，其中特征向量 ω 是一种近似算法，即：

$$\overline{\omega} = \sqrt[n]{\prod_{j=1}^{n} a_{ij}} \tag{3-4}$$

对其进行归一化处理得：

$$\omega_i = \frac{\overline{\omega_i}}{\sum_{i=1}^{n} \overline{\omega_i}} \quad i = 1,2,\cdots,n \tag{3-5}$$

于是得 $\omega = (\omega_1, \omega_2, \cdots, \omega_n)^T$ 即为所求向量的近似值。

对于判断矩阵的最大特征根，可得：

$$\lambda_{max} = \sum_{i=1}^{n} \frac{(A\omega)_i}{n\omega_i} \tag{3-6}$$

为保证得到的权重的合理性，通常要对每一个判断矩阵进行一致性检验，以观察其是否具有满意的一致性。否则，应修改判断矩阵，直到满足一致性要求为止。计算公式如下：

$$C.I.=\frac{\lambda_{max}-n}{(n-1)} \tag{3-7}$$

$$C.R.=\frac{C.I.}{R.I.} \tag{3-8}$$

式中，$C.I.$——一致性指标；

$C.R.$——一致性比例；

$R.I.$——平均随机一致性指标。

当 $C.R.<0.1$ 时，一般认为判断矩阵的一致性是可以接受的。此时偏离的相对误差不超过平均随机一致性指标 $R.I.$ 的十分之一，反之矩阵 A 为不满足一致性，应对判断矩阵做适当的调整。

（4）计算各层元素的组合权重

组合权重的计算要自上而下，将单一准则的权重进行组合，并逐层进行，直至计算出最底层各元素的权重和，进行总的一致性检验。

假定已经计算出第 $i-1$ 层上 n_{i-1} 个元素相对于目标的组合排序权重向量为 $\omega^{(i-1)}$，第 i 层上 n_i 个元素对第 $i-1$ 层上所有指标为准则的排序权重向量 p^i，那么第 i 层上元素对于总目标的合成排序权重向量 ω^i 可由下式给出：

$$\omega^i=(\omega_1^i,\omega_2^i,\cdots,\omega_{ni}^i)^T=p^i\omega^{(i-1)} \tag{3-9}$$

对于递阶层次组合判断的一致性检验，需要类似地逐层计算 $C.I.$。

若分别得到了第 $k-1$ 层次的计算结果 $C.I._{k-1}$，$C.I._{k-1}$ 和

$C.R._{k-1}$，则第 k 层的相应指标为：

$$
\begin{aligned}
C.I._{k} &= (C.I._{k}^{1}, C.I._{k}^{2}, \cdots, C.I._{k}^{m})a^{k-1} \\
R.I._{k} &= (R.I._{k}^{1}, R.I._{k}^{2}, \cdots, R.I._{k}^{m})a^{k-1} \\
C.R._{k} &= C.R._{k-1} + \frac{C.I._{k}}{R.I._{k}}
\end{aligned}
\tag{3-10}
$$

这里 $C.I._{k}^{i}$ 和 $R.I._{k}^{i}$ 分别为在 $k-1$ 层第 i 个准则下判断矩阵的一致性指标和平均随机一致性指标。当 $C.R._{k} < 0.1$ 时，认为递阶层次在 k 层水平上整个判断有满意的一致性。

AHP 的最终结果是得到相对于总的目标各决策方案的优先顺序权重，并给出这一组合排序权重所依据的整个递阶层次结构所有判断的总的一致性指标，据此可以做出决策。

2. AHP 的局限性

从根本上来讲，层次分析法建立在相应的无结构问题的测量模型上。层次分析法模型由三个层次构成，即目标层、准则层、方案层。层次分析法是一种定性和定量相结合的方法，早期应用于管理方面，应用起来灵活、方便、效果好。但是随着经济的发展和激烈的竞争，层次分析法逐渐显现出了一些不足和缺陷。

（1）准则层的设置因素过于广泛，由于人的主观因素，直接判断的权重存在较大的主观误差。

（2）层次分析法一个很重要的问题常被忽略，它把本来很模糊的一个区间数，转化成了一个确定的数值，这样一来很容易造成误差，与实际情况相差很大。

（3）层次分析法还有一个很难处理的问题，就是判断矩阵的一致性检验。如果判断矩阵不满足一致性，对矩阵的调整容易背离专家判断的本意，造成判断信息失真，导致评判的失败。若将其排序向量的结果作为相应的决策依据，就失去了意义。

3. G1 法的计算步骤

1992 年郭亚军教授提出了一种简明、科学、实用的决策分析方法——G1 法，它通过对 AHP 进行改进，避开了 AHP 中的缺点，且无须一致性检验。该种方法近年来得到了人们逐步认识接受，并在多个领域得到广泛应用，下面详细介绍其计算步骤。

设 x_1，x_2，…，x_m（$m \geqslant 2$）是经过指标类型一致化和无量纲化处理的 m 个极大型指标。运用 G1 法一般分为三个步骤。

第一步：确定同一层次指标的序关系

定义 3.4：若评价指标 x_i 相对于某评价准则（或目标）的重要性程度大于（或不小于）x_j 时，则即为 $x_i > x_j$。

定义 3.5：若评价指标 x_1，x_2，…，x_m 相对于某评价准则（或目标）具有关系式：

$$x_1 > x_2 > \cdots > x_m \tag{3-11}$$

则称评价指标 x_1，x_2，…，x_m 之间按“>”确立了序关系。

对于评价指标集 $\{x_1, x_2, \cdots, x_m\}$ 可按照下述步骤建立序关系：

（1）专家（或决策者）在指标集 $\{x_1, x_2, \cdots, x_m\}$ 中，选出认为是最重要的一个指标记为 x_i；

（2）专家（或决策者）在余下的 $m-1$ 个指标中，选出认为是最重要的一个指标记为 x_j；

…………

在余下的 $m-(k-l)$ 个指标中，选出认为是最重要的一个指标记为 x_n；

…………

经过 $m-1$ 次挑选剩下的评价指标记为 x_k。

这样就可以确定唯一一个序关系。

第二步：确定相邻指标之间的相对重要性程度比值

专家对相邻指标 x_{k-1} 和 x_k 之间的重要程度之比可以使用

$$r_k = \omega_{k-1}/\omega_k \quad k = m, m-1, \cdots, 3, 2 \tag{3-12}$$

来表示，这样就可以依照前数个指标之间的序关系，计算出各指标之间的相对重要性程度。其中，r_k 的赋值可以参考表 3-11。

表 3-11 r_k 赋值参考

r_k	说明
1.0	指标 x_{k-1} 与指标 x_k 同样重要
1.2	指标 x_{k-1} 比指标 x_k 稍微重要
1.4	指标 x_{k-1} 比指标 x_k 明显重要
1.6	指标 x_{k-1} 比指标 x_k 强烈重要

续表

r_k	说明
1.8	指标 x_{k-1} 比指标 x_k 极端重要
1.1，1.3，1.5，1.7	对应以上两两相邻指标判断的中间情况

关于 r_k 之间的数值约束，有下面的定理。

定理 3.2：若 x_1，x_2，…，x_m 具有序关系，如公式（3－11）所示，则 r_{k-1} 与 r_k 必满足：

$$r_{k-1} > 1/r_k \quad k = m, m-1, \cdots, 3, 2 \tag{3-13}$$

第三步：权重系数 ω_k 的计算

定理 3.3：若专家（或决策者）给出 r_k 的理性赋值满足公式（3－13），则 ω_m 计算为：

$$\omega_m = \left(1 + \sum_{k=2}^{m} \prod_{i=k}^{m} r_i\right)^{-1} \tag{3-14}$$

$$\omega_{k-1} = r_k \omega_k \quad k = m, m-1, \cdots, 3, 2 \tag{3-15}$$

3.5.3 基于 G1 法的矿山排土场灾害预警指标的赋权

1. 预警指标的序关系确定

矿山排土场灾害预警指标体系涉及 10 个指标，包括物料黏聚力、物料内摩擦角、台阶高度、平台宽度、地表位移、内部位移、孔隙水压力、内部应力、降雨量、地震烈度，领域专家在 10 个指标中选出最重要的指标为地表位移，在剩余的 9 个指标中，选出最重要的指标为降雨量。以此类推，通过此方法确定的矿山排土场灾害预警指标的重要性序关系为：地表位移 > 降雨量 > 内部位移 > 孔隙水压力 > 黏聚力 > 内摩擦角 > 台阶高度 > 平台宽度 > 内部应力 > 地震烈度，记为 $A_1 > A_2 > A_3 > A_4 > A_5 > A_6 > A_7 > A_8 > A_9 > A_{10}$。

2. 预警指标的重要性程度比较

在确定了各预警指标的重要性序关系后，邀请三组专家对各预警指标的重要性程度 r_k 赋值，其结果如表 3－12 所示。

表 3－12　重要性程度 r_k 赋值调查

序号	一组专家	二组专家	三组专家	r_k 平均值
r_1	—	—	—	—
r_2	1.6	1.5	1.5	1.53
r_3	1.4	1.5	1.3	1.40
r_4	1.3	1.2	1.2	1.23
r_5	1.2	1.3	1.3	1.27
r_6	1.1	1.1	1.2	1.13
r_7	1.4	1.3	1.4	1.37
r_8	1.2	1.1	1.2	1.17
r_9	1.3	1.2	1.1	1.20
r_{10}	1.2	1.3	1.4	1.30

3. 计算各单层评价指标的权重

按照公式（3－12）得出矿山排土场灾害预警指标序关系确立的相邻评价指标的相对重要程度的比较值后，计算各指标的权重值，计算步骤如下：

$$\overline{r_2}\,\overline{r_3}\,\overline{r_4}\,\overline{r_5}\,\overline{r_6}\,\overline{r_7}\,\overline{r_8}\,\overline{r_9}\,\overline{r_{10}} = 1.53\times1.40\times1.23\times1.27\times1.13\times1.37\times1.17\times1.20\times1.30 = 9.45$$

$$\overline{r_3}\,\overline{r_4}\,\overline{r_5}\,\overline{r_6}\,\overline{r_7}\,\overline{r_8}\,\overline{r_9}\,\overline{r_{10}} = 1.40\times1.23\times1.27\times1.13\times1.37\times1.17\times1.20\times1.30 = 6.17$$

$$\overline{r_4}\,\overline{r_5}\,\overline{r_6}\,\overline{r_7}\,\overline{r_8}\,\overline{r_9}\,\overline{r_{10}} = 1.23\times1.27\times1.13\times1.37\times1.17\times1.20\times1.30 = 4.40$$

$$\overline{r_5}\,\overline{r_6}\,\overline{r_7}\,\overline{r_8}\,\overline{r_9}\,\overline{r_{10}} = 1.27\times1.13\times1.37\times1.17\times1.20\times1.30 = 3.57$$

$$\overline{r_6}\,\overline{r_7}\,\overline{r_8}\,\overline{r_9}\,\overline{r_{10}} = 1.13\times1.37\times1.17\times1.20\times1.30 = 2.82$$

$$\overline{r_7}\,\overline{r_8}\,\overline{r_9}\,\overline{r_{10}} = 1.37\times1.17\times1.20\times1.30 = 2.49$$

$$\overline{r_8}\,\overline{r_9}\,\overline{r_{10}} = 1.17\times1.20\times1.30 = 1.82$$

$$\overline{r_9}\,\overline{r_{10}} = 1.20\times1.30 = 1.56$$

$$\overline{r_{10}} = 1.30$$

根据公式（3－14）计算各权重系数，计算步骤如下：

$$w_{10} = [1 + (9.45 + 6.17 + 4.40 + 3.57 + 2.82 + 2.49 + 1.82 + 1.56 + 1.30)]^{-1} = 0.029$$

$$w_9 = w_{10}\cdot\overline{r_{10}} = 0.029\times1.30 = 0.038$$

$$w_8 = w_9\cdot\overline{r_9} = 0.038\times1.20 = 0.045$$

$$w_7 = w_8\cdot\overline{r_8} = 0.045\times1.17 = 0.053$$

$$w_6 = w_7\cdot\overline{r_7} = 0.053\times1.37 = 0.072$$

$$w_5 = w_6\cdot\overline{r_6} = 0.072\times1.13 = 0.082$$

$$w_4 = w_5\cdot\overline{r_5} = 0.082\times1.27 = 0.103$$

$$w_3 = w_4\cdot\overline{r_4} = 0.103\times1.23 = 0.127$$

$$w_2 = w_3 \cdot \overline{r_3} = 0.127 \times 1.40 = 0.178$$

$$w_1 = w_2 \cdot \overline{r_2} = 0.178 \times 1.53 = 0.273$$

各个预警指标的权重值如表 3－13 所示。

表 3－13　二级指标对一级指标权重值

指标	地表位移 A_1	降雨量 A_2	内部位移 A_3	孔隙水压力 A_4	黏聚力 A_5	内摩擦角 A_6	台阶高度 A_7	平台宽度 A_8	内部应力 A_9	地震烈度 A_{10}
权重	0.273	0.178	0.127	0.103	0.082	0.072	0.053	0.045	0.038	0.029

第四章　矿山排土场灾害预警方法

矿山排土场灾害预警建立在矿山排土场灾害风险评价的基础上，根据排土场安全生产状况及监测数据，经综合分析、评价，确定矿山排土场灾害预警等级。排土场灾害风险评价主要是通过查找潜在的危险源，对其进行分析评价，从而确定危险有害因素的危险等级，为进一步制定科学的、有针对性的控制措施提供依据，为编制应急预案、建立排土场应急救援体系提供基础。风险评价的过程需要注重科学性、系统性和适用性。

4.1　排土场灾害预警方法的确定

本项目通过对目前较广泛使用的风险评价方法进行分析对比，根据排土场灾害类型及影响因素，选取了一种既适用于定性分析，又能进行定量分析的基于可拓理论的灾害分析评价方法，对排土场灾害事故进行风险评价。同时，采用基于案例推理法对排土场灾害进行智能预警。两者相互补充、相互印证，共同完成矿山排土场的综合预警。

4.1.1 风险评价方法的对比

风险评价方法主要有定性、定量和半定量三大类，其中应用较多的定性评价方法主要有安全检查表（Safety Checklist Analysis，SCL）、预先危险性分析（Preliminary Hazard Analysis，PHA）、故障类型及影响分析（Failure Mode Effects Analysis，FMEA）、危险和可操作性研究（Hazard and Operability Study，HAZOP）等；半定量评价法主要有作业环境危险评价（LEC）等；定量分析法有事故树分析（Fault Tree Analysis，FTA）、人工神经网络的风险性评价、模糊综合评价等。

每种风险评价方法的目标、适用条件均不相同，各有特点及优缺点，常用评价分析方法的对比详见表4－1。

表4－1　常用风险评价方法对比

风险评价方法	特点	适用范围
安全检查表	辨识可能导致事故、引起伤害、重要财产损失或对公共环境产生重大影响的装置条件或操作规程	适用各个阶段、对危险性定性辨识
预先危险性分析	识别系统中的潜在危险，确定其危险等级，防止危险发展成事故，预测事故发生对人员和系统的影响，并提出消除或控制危险性的对策措施	主要用于对危险物质和装置的主要区域等进行分析，包括设计、施工和生产前，预先对系统中存在的危险性类别、出现条件、导致事故的后果进行分析

续表

风险评价方法	特点	适用范围
故障类型及影响分析	辨识单一设备和故障模型对系统或装置造成的影响	可用于连续生产工艺
危险和可操作性研究	使所有相关偏差的工艺参数得到评价，根据评价结果进行改进	适用于新建项目且对工艺设计要求很严格的评价
事件树分析	辨识初始事件发展成为事故的各种过程和可能造成的诸多后果	常用来预测事故及不安全因素、估计事故的可能后果，寻求最佳预防手段和方法确定初始事件
事故树分析	找出事故发生的基本原因和基本原因组，为设计、施工及管理提供依据	事故分析或设想事故，便于逻辑运算和系统评价
作业环境危险评价	根据经验确定事故的可能性概率、作业人员暴露于危险环境的频率、可能发生的后果这三个因素的分值而划分危险度等级	是一种作业的局部评价，具有一定的局限性，不能普遍适用
模糊综合评价	按照指定的条件对事物（或方案）的优劣进行评比、判定，且总的评价过程中涉及模糊因素的评价	由于因素很多，且各个因素又具有不同的层次，许多因素还具有模糊性，必须采用多级模糊综合评价
灰色系统评价	主要研究系统模糊不明确、行为信息不完全、运行机制不清楚的这一类系统的建模、预测、决策（评价）和控制等问题	广泛应用于社会、经济、农业、生态、气象、政法、管理等部门
人工神经网络的风险评价	实现安全评价过程中的判断、推理、决策过程，确定有关安全系统结构参数	主要解决非线性、离散系统的安全评价过程中因素变权等关键问题
概率危险评价	评价事故发生的概率和严重度，对发生事故可能性大的地方及时提出改进方案	辨识与公众健康、安全与环境有关的危险发生的概率和严重度

由于单独针对矿山排土场进行的灾害风险评价、稳定性评

价的研究目前不多，而排土场的情况与露天矿边坡情况比较接近，因此排土场稳定性研究基本可以参照目前发展较为成熟的边坡稳定性研究方法开展。为了更好地为应急救援服务，排土场灾害风险评价方法的选取既要能贴切排土场实际情况，又要能为后期运用过程中的监测、预报预警、应急响应奠定基础。在对排土场灾害分析、边坡稳定性评价、预测预警模型三方面资料进行查阅比对之后，我们确定出一种在三方面均有良好运用情况的方法：基于可拓理论的灾害风险评价法。可拓理论中的参变量物元模型是动态模型，能较好地拟合矿山排土场这类复杂多变的系统，而且计算较简便，已经在评价预警等方面得到了广泛运用。

4.1.2 可拓学理论的研究现状

可拓学是我国学者蔡文于 1983 年提出的一门新学科，是专门探讨矛盾转化的科学，描述事物性质的可变性和事物变化过程中由量变到质变的规律，是异于经典集合和模糊集合的另一种形式化工具。可拓学从定性与定量两个角度去研究解决矛盾问题的规律和方法，其逻辑细胞是物元，其理论支柱则是物元理论和可拓集合理论，其中物元及其属性、变换和方程属于定性工具，而可拓集合及其相关属性、关联函数、方程等则属于定量工具。

可拓学的创立和发展主要经历了三个阶段：1976～1982 年为孕育期，提出了研究事物可拓性和处理不相容问题的研究方向；1983～1989年为创立期，蔡文出版了专著《物元分析》，奠定了物元分析的学科基础；1990年至今为发展期，理论上趋于成熟并开始走向应用，《物元模型及其应用》《可拓工程方法》等专著先后出版。该学科目前已发展出了多个领域的应用研究，在决策、新产品构思、搜索、控制、诊断、评判和识别等领域，形成了一系列的可拓工程方法。

可拓理论中的参变量物元模型是动态模型，它能很好地拟合滑坡这样复杂的、动态变化的系统。可拓理论在边坡稳定性研究中已有很多成功应用。谢全敏、夏元友（2003）利用岩体边坡稳定性等级和影响因子，构造经典域物元和节域物元，应用物元和可拓集合中的关联函数，建立了岩体边坡稳定性等级聚类预测的简单模型，通过聚类分析，得到了岩体边坡稳定性的预测结果。王东耀、折学森、叶万军（2006）针对影响黄土路堑边坡稳定性因素的复杂性和模糊性，将可拓工程方法与路堑边坡稳定性评价相结合，建立了适合可拓学理论的边坡稳定性分类标准，实现了定性与定量评价黄土路堑边坡的结合。康志强、周辉、冯夏庭等（2007）利用岩体边坡稳定性等级和影响因子，构造经典域物元和节域物元，应用物元和可拓集合中的关联函数，建立了岩体边坡稳定性等级综合评判的可拓预测模型。王新民、康虔、秦健春等（2013）综合运用物元概念的可拓学理论与层次分析法，建立多层次、多指标的岩质边坡稳定性综合评价模型，对边坡稳定性进行评价，得出安全等级标准及评价指标量值。类似的研究还有李克钢、许江、李树春等（2007），王润生、李存国、郭立稳（2008），谈小龙（2009）等。

基于可拓学的综合预警研究在许多领域均有涉及，比较有代表性的研究有：杨玉中、冯长根、吴立云（2008）提出了基于可拓理论的煤矿安全预警模型，它是基于参变量物元的动态评价模型，用层次分析法确定预警指标的权重，以综合关联度作为评价准则，通过实例验证表明该方法计算简便，易于推广使用；姚韵、朱金福（2008）为解决不正常航班服务管理中无冲突预警的问题，用物元分析方法，建立了以预计延迟时间、运力资源富余度、滞留人数、现场服务能力和意外事件情况为特征指标，以安全、注意、警戒、危险和危机为分类等级的预警模型；宋金玲、刘国华、王丹丽等（2009）利用物元分析方法，建立了高危作业有害因素控制水平的综合预警模型。实例验证表明，该模型可用于对职业危害的控制水平做出综合评价，并提供定量的预警信息；郭德勇、郑茂杰、郭超等（2009）在综合分析煤与瓦斯突出多种影响因素的基础上，提出预测敏感指标并建立煤与瓦斯突出危险性等级，应用物元和可拓集合理论建立了煤与瓦斯突出危险性预测的物元可拓模型；雷勋平、吴杨、叶松等（2012）考察了影响粮食供给和需求的因素，构建区域粮食安全预警指标体系，建立基于熵权可拓决策模型的区域粮食安全预警模型，并对安徽省近 11 年的粮食安全进行预警分析。类似研究还有周英烈、史秀志、胡建华等（2013），龙祖坤、王微（2014）等。

4.1.3　案例推理法的研究现状

案例推理法（Case-Based Reasoning，CBR）最早由耶鲁大学 Roger Schank 教授在 1982 年出版的专著 *Dynamic Memory：A Theory of Reminding and Learning in Computers and People* 中提出，是人工智能（Artificial Intelligence，AI）领域一项重要的推理方法，它解决问题是通过重用或修改以前解决相似问题的方案来实现的，他提出："基于案例的推理是在概念的基础上，而不是在结果的基础上，来组织信息的。"这也就是说，案例推理法的目的不仅仅是要得出一个用户需要的结果，它最主要的功能应该是通过检索出相似的案例，为人们解决新问题提供一些启发，开阔决策者的思路以及知识面，同时也提高决策者进行决策的科学性，使他们的决策更有依据。毕竟，决定最终是由人来做，而不是机器。

Janet Kolodner 开发了被称为 CYRUS 的第一个 CBR 系统。CYRUS 以事件的形式收集了美国前国务卿 Cyrus Vance 的旅行及会议数据，它是 Schank 教授的动态记忆模型（Dynamic Memory Model）的具体实现。

CBR 的研究并不局限在美国，它已逐渐在欧洲展开，最早引入该研究的是苏格兰阿伯丁 Derek Sleeman 的研究小组，他们研究了把事例用于知识获取，并开发了系统 REFINER。与此同时，都柏林圣三一大学的 Mike Keane 把认知科学引入类比推理，从而影响了 CBR 的研究。在英国，CBR 在土木工程中应用得特别多。索尔福德大学的一个研究小组把 CBR 技术应用于建筑物的损伤诊断和修复，Moore 等人应用 CBR 设计公路桥。以色列、印度、日本、中国等亚洲地区也活跃着引入 CBR 的研究小组。1987 年以来国际研究界每年举行 CBR 研讨会，先后在通用问题求解、法律案例、医疗诊断、医药等领域证明了 CBR 的有效性和实用性。

中国在 20 世纪 90 年代后期开始将 CBR 应用于经济管理领域的研究。CBR 产生的时间虽然不是很长，但它的发展速度非常快。CBR 的应用需要丰富的案例经验支持，因此主要应用于一些具有丰富的经验知识却缺乏很强的理论模型的领域，如故障诊断、计算机信息科学、企业管理、法律案件、医疗领域、突发事件应急管理等领域。

在故障诊断方面：严爱军等人（2008）在分析了故障机理的前提下，将 CBR 技术与过程参量预报相集成，提出了竖炉焙烧过程的智能故障预报方法；常春光等人（2009）研究了 CBR 系统在建筑生产安全诊断中的应用，在分析影响建筑安全隐患因素的前提下，设计了面向建筑生产安全诊断的 CBR 系统，以建筑生产安全诊断为对象的案例描述、案例匹配、案例调整以及维护技术，有效地提高了建筑生产安全诊断的工作效率；严军等人（2009）以奇瑞汽车故障诊断为背景，研发了一个基于案例推理法的汽车故障诊断系统。

在企业危机预警方面：柳炳祥、盛昭翰（2003）介绍了基于案例推理法的企业危机预警系统的组成、框架结构、功能以及工作原理，并说明了基于案例推理法的欺诈危机预警系统；刘小龙等人（2007）研究了基于灰色关联的企业危机预警案例检索模型，解决了复杂环境中加权距离的扩展和案例修正等问题，完善了基于案例推理法的企业危机预警系统；李清、刘金全（2009）研究了 CBR 技术在财务危机预测方面的应用，并对我国上市公司进行财务危机预测分析，CBR 模型的预测准确率要高于 Logistic 回归模型。

在医疗诊断方面：赵卫东等人（2003）对案例推理的一些关键步骤提出了新的观点，提出了在不完全信息下的案例推理综合算法，这就为案例推理的实例化提供了理论依据，并给出了在复杂环境下的 CBR 系统的框架，将之应用于医疗诊断方面；杨健等人（2008）将案例推理法引入了中医诊疗专家系统；李锋刚等人（2010）以新安医学防治中风病的医疗诊断方案和药方为研究对象，建立了基于案例推理法的中医处方用药的自动化系统。

在突发事件应急方面：郑雄等人（2009）将 CBR 应用于火灾的救援辅助决策中；廖振良等人（2009）将 CBR 应用于突发性环境污染事件应急预案系统中，龚玉霞、王殿华（2012）应用案例推理法建立食品安全突发事件风险预警系统，规范化描述食品安全突发事件，并与风险预警系统中案例库的案例解比较和评估，及时发出预警警告，有效降低食品安全突发事件发生频率和影响范围，并对建立食品安全突发事件案例推理预警系统提供了建议和措施。

通过对 CBR 应用方面的分析，不难发现 CBR 适用于知识经验丰富，可以提供大量的历史案例，而又难以总结其一般规律的领域。CBR 为人工智能领域开辟了一条新的途径，虽然它在岩土工程界的应用不多，但是非常适合岩土工程中因不确定性必须主要依赖工程师的工程经验的现状，具有很好的发展前景和实用意义。张清与田伟涛（1994）率先在国内岩土工程界开展 CBR 的应用，并开发了“隧道支护经验设计系统”。姚建国（2000）将 CBR 应用于采矿工程 CAD，实现了基于案例推理的矿山支架智能 CAD。刘沐宇（2001）在他的博士论文中也将 CBR 引入边坡稳定性分析，边坡稳定性评价是一个复杂问题，其知识获取本身就是一件非常不容易的事情，所以 CBR 为边坡稳定性评价预测提供了一条可行的新途径。

4.2 可拓学评价预警方法的研究

可拓学是由我国学者蔡文为了解决不相容问题而提出的一种新的理论。该理论通过引进物元 $R=(N, c, v)$ 概念，把待评事物 N、事物具有的特征 c 以及特征的具体量值 v 有机结合起来，真实地反映了事物的质与量的辩证关系。可拓学运用于风险评价的基本思路是先确定各评价指标风险等级集合，再将待评价物元的指标特征值代入各等级集合中进行多指标评价，评价结果按照与各等级集合的关联度进行比较。关联度越大，其与某等级集合的符合程度越高，最终评价结果就是符合度最高的集合所代表的等级。

4.2.1　可拓学基本理论

1. 物元理论

物元是可拓学中独有的概念，它是由事物、特征以及对应特征的量值所构成的三元组。

人、事和物统称为事物，每个事物都有各自不同的特征，每一特征都可用相应的量值来表示。因此，事物的名称、特征和量值是描述事物的基本要素，称为物元三要素。事物可以指一类事物，或指某一个具体事物，前者称为类事物，后者称为个事物；从事物存在性上可分为存在事物和期望事物两类。可用符号 N 表示事物的名称，简称物，事物的全体记为 L（N）。

特征是指事物性质、功能、行为状态以及事物间关系等征象。事物的特征可分为功能特征、性质特征和实义特征三类。实义特征如长、宽等。特征用 c 表示，特征的全体记为 L（c）。

量值是对事物某一特征的数量、程度或范围定量的具体刻画，量值用符号 v 表示，特征 c 的取值范围称为它的量域，记为 L（v）。

事物的名称 N、特征 c 和量值 v 称为物元 R 的三要素，物元 R 表示如下：

$$R = (N,c,v) \tag{4-1}$$

如果事物 N 具有 n 个特征 c_1，c_2，…，c_n 和相应的 n 个量值 v_1，v_2，…，v_n 时，称 R 为 n 维物元：

$$R = (N, c_i, v_i) = \begin{bmatrix} N & c_1 & v_1 \\ & c_2 & v_2 \\ & \vdots & \vdots \\ & c_n & v_n \end{bmatrix} \tag{4-2}$$

物元是可拓学中一个非常重要的概念，它把事物、特征和量值放在一个统一体中考虑，使人们在处理问题时既考虑量，又考虑质。事物的变化以物元变换来描述，物元理论的核心就是研究物元的可拓性和物元的变换以及物元变换的性质。物元理论以形式化的语言描述事物的可变性及其变换，使之能够进行推理和运算。

2. 可拓集合

集合是描述人脑思维对客观事物分类和识别的数学方法。模糊集用［0，1］区间中的某一个数字来表征事物具有某种性质的程度，描述事物的模糊特性，即隶属度。继经典数学和模糊数学之后，我国学者蔡文原创的可拓学以其独特的描述优势和解决矛盾的能力获得了快速发展。与此相对应，可拓集合的概念是可拓学的理论支柱之一。可拓集用（$-\infty$，$+\infty$）的实数来定量客观地描述事物具有某种性质的程度及其量变与质变的过程，用可拓域来描述事物“是”与“非”的相互转化。

在可拓学中，对可拓集合的定义如下：设 U 为论域，若对 U 中任一元素 $u \in U$，都有一实数 K（u）$\in$（$-\infty$，$+\infty$）与之对应，则称：

$$\tilde{A} = \{(u,y) \mid u \in U, y = K(u) \in (-\infty, +\infty)\} \qquad (4-3)$$

为论域上的一个可拓集合，其中 $y = K(u)$ 为$\tilde{A}$的关联函数，$K(u)$ 为 u 关于$\tilde{A}$的关联度。称：

$$A = \{u \mid u \in U, K(u) \geqslant 0\} \qquad (4-4)$$

为$\tilde{A}$的正域。称：

$$\bar{A} = \{u \mid u \in U, K(u) \leqslant 0\} \qquad (4-5)$$

为$\tilde{A}$的负域。称：

$$J_0 = \{u \mid u \in U, K(u) = 0\} \qquad (4-6)$$

为$\tilde{A}$的零界。

由于矛盾问题的解决过程是用物元模型描述的，因此我们要研究元素为物元的可拓集合。

3. 关联函数

可拓集合用关联函数来刻画，关联函数的取值范围是整个实数轴。其中，$K(u) \geqslant 0$ 表示 $u \in \tilde{A}$的程度；$K(u) \leqslant 0$ 表示 $u \notin \tilde{A}$的程度；$K(u) = 0$ 则表示 u 既属于$\tilde{A}$又不属于$\tilde{A}$。

（1）距的概念。在可拓学中，为了描述类内事物的区别，规定了点 x 与区间 $X_0 = \langle a, b\rangle$ 之距。

设 x 为实轴上的一点，$X_0 = \langle a, b\rangle$ 为实域上的任一区间，称：

$$\rho(x,X_0) = \left|x - \frac{a+b}{2}\right| - \frac{b-a}{2} \tag{4-7}$$

为点 x 与区间 X_0 之距。其中 $\langle a, b\rangle$ 可为开区间，也可为闭区间，还可为半开半闭区间。对实轴上的任一点 x_0，有：

$$\rho(x,X_0) = \left|x - \frac{a+b}{2}\right| - \frac{b-a}{2} = \begin{cases} a - x_0 & x_0 \leqslant \dfrac{a+b}{2} \\ x_0 - b & x_0 \geqslant \dfrac{a+b}{2} \end{cases} \tag{4-8}$$

这里距的概念与经典数学中距离的概念稍有不同，$\rho(x, X_0)$ 与经典数学中点与区间之距 $d(x, X_0)$ 的关系为：

①当 $x \in X_0$ 且 $x \neq a$，b 时，$\rho(x, X_0) < 0$，$d(x, X_0) = 0$；

②当 $x \notin X_0$ 或 $x = a$，b 时，$\rho(x, X_0) = d(x, X_0) \geqslant 0$。

引入距的概念，可以把点与区间的位置关系用定量的形式精确刻画。当点在区间内时，经典数学认为点与区间的距离都为 0，而在可拓集合中，利用距的概念，就可以根据距值的不同描述点在区间内的不同位置。

（2）简单关联函数。在客观实际中，有时为了表示基本要求的区间和质变的区间相同，可用简单关联函数来表示事物符合要求的程度。

设 $X = \langle a, b\rangle$，$M \in X$，则定义简单关联函数为：

$$k(x) = \begin{cases} \dfrac{x-a}{M-a} & x \leqslant M \\ \dfrac{b-x}{b-M} & x \geqslant M \end{cases} \tag{4-9}$$

当式中的 $M=\frac{a+b}{2}$ 时，k（x）在 M 处到达最大：

$$k(x)=\begin{cases}\frac{2(x-a)}{b-a} & x\leqslant\frac{a+b}{2}\\ \frac{2(b-x)}{b-a} & x\geqslant\frac{a+b}{2}\end{cases}\tag{4-10}$$

（3）初等关联函数。设 $X_0=\langle a,\ b\rangle$，$X=\langle c,\ d\rangle$，$X_0\subset X$ 且无公共端点，则称：

$$K(x)=\frac{\rho(x,X_0)}{\rho(x,X)-\rho(x,X_0)}\tag{4-11}$$

为 x 关于区间 X_0、X 的初等关联函数，该函数的最大值在区间的中点。若 X_0 和 X 有公共端点 x_p，对于一切 $x\neq x_p$，则初等关联函数为：

$$K(x)=\begin{cases}\frac{\rho(x,X_0)}{\rho(x,X)-\rho(x,X_0)} & \rho(x,X)-\rho(x,X_0)\neq 0\\ -\rho(x,X_0)-1 & \rho(x,X)-\rho(x,X_0)=0\end{cases}\tag{4-12}$$

4.2.2 基于可拓理论的灾害风险评价方法

1. 确定经典域、节域及待评物元

（1）确定经典域。按照排土场边坡预警指标评价标准，将边坡稳定性等级划分为 5 级，结合 n 维物元的概念，可以得到边坡稳定性的经典域物元 R_j：

$$R_j = (P_j, c_i, v_{ji}) = \begin{bmatrix} P_j & c_1 & v_{j1} \\ & c_2 & v_{j2} \\ & \vdots & \vdots \\ & c_n & v_{jn} \end{bmatrix} = \begin{bmatrix} P_j & c_1 & \langle a_{j1}, b_{j1} \rangle \\ & c_2 & \langle a_{j2}, b_{j2} \rangle \\ & \vdots & \vdots \\ & c_n & \langle a_{jn}, b_{jn} \rangle \end{bmatrix} \tag{4-13}$$

式中，P_j表示所划分边坡的稳定性等级（$j=1$，2，…，5）；c_i表示影响边坡稳定性等级的主要因素（$i=1$，2，…，10）；$v_{ji}=\langle a_{ji}, b_{ji}\rangle$是边坡稳定性等级$P_j$关于$c_i$的取值范围，即边坡稳定性等级关于评价指标所取的对应量值范围。

（2）确定节域。根据各评价指标c_i在整个评价体系中的取值范围建立节域R_p：

$$R_p = (P_j, c_i, v_{pi}) = \begin{bmatrix} P_j & c_1 & v_{p1} \\ & c_2 & v_{p2} \\ & \vdots & \vdots \\ & c_n & v_{pn} \end{bmatrix} = \begin{bmatrix} P_j & c_1 & \langle a_{p1}, b_{p1} \rangle \\ & c_2 & \langle a_{p2}, b_{p2} \rangle \\ & \vdots & \vdots \\ & c_n & \langle a_{pn}, b_{pn} \rangle \end{bmatrix} \tag{4-14}$$

式中，P表示边坡稳定性的全体等级；v_{pi}为c_i在P条件下的取值范围，即P的节域，且$v_{pi}=\langle a_{p1}, b_{p1}\rangle$，$i$为评价指标数，$i=1$，2，…，10。

（3）确定待评边坡物元。根据待评边坡10个评价指标的具体量值建立待评边坡物元R_0：

$$R_0 = (P_0, c_i, v_{0i}) = \begin{bmatrix} P_0 & c_1 & v_{01} \\ & c_2 & v_{02} \\ & \vdots & \vdots \\ & c_n & v_{0n} \end{bmatrix} \tag{4-15}$$

式中，P_0表示待评边坡；v_{0i}为P_0关于评价指标c_i的量值，即待评边坡各项指标的具体数据。

2. 确定简单关联函数和初等关联函数

（1）确定简单关联函数。根据可拓学理论，待评边坡各评价指标的简单关联函数如下式所示：

$$K_j(v_{0i}) = \begin{cases} \dfrac{2(v_{0i} - a_{ji})}{b_{ji} - a_{ji}} & v_{0i} \leqslant \dfrac{a_{ji} + b_{ji}}{2} \\ \dfrac{2(b_{ji} - v_{0i})}{b_{ji} - a_{ji}} & v_{0i} \geqslant \dfrac{a_{ji} + b_{ji}}{2} \end{cases} \tag{4-16}$$

（2）确定初等关联函数，初等关联函数如公式（4-17）所示，各评价指标的初等关联函数与其对应的权重的乘积之和，就是关于某稳定性等级j的可拓关联度：

$$K_j(v_{0i}) = \begin{cases} \dfrac{\rho(v_{0i}, v_{ji})}{\rho(v_{0i}, v_{pi}) - \rho(v_{0i, v_{ji}})} & \rho(v_{0i}, v_{pi}) - \rho(v_{0i}, v_{ji}) \neq 0 \\ -\rho(v_{0i}, v_{ji}) - 1 & \rho(v_{0i}, v_{pi}) - \rho(v_{0i}, v_{ji}) = 0 \end{cases} \tag{4-17}$$

式中，ρ（v_{0i}，v_{ji}）表示v_{0i}与区间v_{ji}的距。根据距的定义ρ（v_{0i}，v_{ji}），ρ（v_{0i}，v_{pi}）可表示为：

$$\rho(v_{0i},v_{ji}) = \left|v_{0i} - \frac{a_{ji}+b_{ji}}{2}\right| - \frac{b_{ji}-a_{ji}}{2} = \begin{cases} a_{ji}-v_{0i} & v_{0i} \leqslant \frac{a_{ji}+b_{ji}}{2} \\ v_{0i}-b_{ji} & v_{0i} > \frac{a_{ji}+b_{ji}}{2} \end{cases} \tag{4-18}$$

$$\rho(v_{0i},v_{pi}) = \left|v_{0i} - \frac{a_{pi}+b_{pi}}{2}\right| - \frac{b_{pi}-a_{pi}}{2} = \begin{cases} a_{pi}-v_{0i} & v_{0i} \leqslant \frac{a_{pi}+b_{pi}}{2} \\ v_{0i}-b_{pi} & v_{0i} > \frac{a_{pi}+b_{pi}}{2} \end{cases} \tag{4-19}$$

（3）可拓关联度的确定。对每个指标 c_i 取其权重值为 ω_i，则待评边坡 P_0 关于等级 j 的关联度可表示为：

$$K_j(P_0) = \sum_{i=1}^{n} \omega_i K_j(v_{0i}) \tag{4-20}$$

3. 确定评价指标权重

在多层次、多指标的评价体系中，各评价指标对排土场稳定性的影响程度不同，对整个稳定性综合评价的贡献也不同，因此应当分别根据同一层次中各指标在评价体系中对于上一层次研究对象的相对重要性赋权重值。然后将各指标的权重与其实际性状综合考虑，才能得出对其上一层次研究对象的合理评价。如此逐步递归，直至得到整体稳定性的综合评价结果。此部分内容采用第三章 G1 法确定的权重值进行可拓评价计算。

4. 确定评价指标权重，计算评价对象的综合关联度

充分考虑各指标的权重，将（规范化的）关联度和权重合成为综合关联度：

$$K_{j}(p_{k}) = \sum_{i=1}^{n} w_{i} k_{j}(v_{kj}) \tag{4-21}$$

式中，p_k 表示第 k 个评价对象，w_i 代表其相应权重。

5. 评价等级评定

若 $K_k(p) = \max_{k \in (1,2,\cdots,m)} k_j(p_i)$，则评价对象 p 的风险等级为 k。

当评价对象的各指标间分为不同层次或评价指标较多而使权重过小时，需要采用多层次综合评价模型。多层次综合评价是在单层次综合评价的基础上进行的，计算方法与单层次类似。第二层次的评定结果组成第一层次的评价矩阵 K_1，然后考虑第一层各因素的权重 W，权重矩阵和综合关联度矩阵合成为评价结果矩阵：$K = W \cdot K_1$。

4.3 可拓学评价预警方法的应用

根据第二章介绍的瓮福磷矿所属的穿岩洞矿翁章沟排土场的实际运行情况，结合前面中长期预警指标体系，对影响该排土场稳定性的 10 个预警指标进行分析，选取 C_1，C_2，C_3，C_4，C_5，C_6，C_7，C_8，C_9，C_{10} 分别对应于地表位移、降雨量、内部位移、孔隙水压力、黏聚力、内摩擦角、台阶高度、平台

宽度、内部应力、地震烈度10个预警指标，根据翁章沟排土场的实际情况，对照给出的预警准则进行指标的量化评分，最终得出的各预警指标对应于风险等级的分数取值如表4－2所示。

表4－2 翁章沟排土场灾害预警指标分值

预警指标	C_1	C_2	C_3	C_4	C_5	C_6	C_7	C_8	C_9	C_{10}
对应分值	7	7	9	7	3	5	7	9	7	5

1. 构建可拓物元模型

构造翁章沟排土场灾害预警的经典域为R_1，R_2，R_3，R_4：

$$R_1 = \begin{bmatrix} N_1 & C_1 & [0,4) \\ & C_2 & [0,4) \\ & C_3 & [0,4) \\ & C_4 & [0,4) \\ & C_5 & [0,4) \\ & C_6 & [0,4) \\ & C_7 & [0,4) \\ & C_8 & [0,4) \\ & C_9 & [0,4) \\ & C_{10} & [0,4) \end{bmatrix} \quad R_2 = \begin{bmatrix} N_2 & C_1 & [4,6) \\ & C_2 & [4,6) \\ & C_3 & [4,6) \\ & C_4 & [4,6) \\ & C_5 & [4,6) \\ & C_6 & [4,6) \\ & C_7 & [4,6) \\ & C_8 & [4,6) \\ & C_9 & [4,6) \\ & C_{10} & [4,6) \end{bmatrix}$$

$$R_3 = \begin{bmatrix} N_3 & C_1 & [6,8) \\ & C_2 & [6,8) \\ & C_3 & [6,8) \\ & C_4 & [6,8) \\ & C_5 & [6,8) \\ & C_6 & [6,8) \\ & C_7 & [6,8) \\ & C_8 & [6,8) \\ & C_9 & [6,8) \\ & C_{10} & [6,8) \end{bmatrix} \quad R_4 = \begin{bmatrix} N_4 & C_1 & [8,10] \\ & C_2 & [8,10] \\ & C_3 & [8,10] \\ & C_4 & [8,10] \\ & C_5 & [8,10] \\ & C_6 & [8,10] \\ & C_7 & [8,10] \\ & C_8 & [8,10] \\ & C_9 & [8,10] \\ & C_{10} & [8,10] \end{bmatrix}$$

节域为 R_p；待评价物元为 R_x：

$$R_p = \begin{bmatrix} N & C_1 & [0,10] \\ & C_2 & [0,10] \\ & C_3 & [0,10] \\ & C_4 & [0,10] \\ & C_5 & [0,10] \\ & C_6 & [0,10] \\ & C_7 & [0,10] \\ & C_8 & [0,10] \\ & C_9 & [0,10] \\ & C_{10} & [0,10] \end{bmatrix} \quad R_x = \begin{bmatrix} Nx & C_1 & 7 \\ & C_2 & 7 \\ & C_3 & 9 \\ & C_4 & 7 \\ & C_5 & 3 \\ & C_6 & 5 \\ & C_7 & 7 \\ & C_8 & 9 \\ & C_9 & 7 \\ & C_{10} & 5 \end{bmatrix}$$

2. 确定预警指标权重

按照第三章 G1 法计算预警指标权重的结果。最终得到的预警指标权重为 W（地表位移，降雨量，内部位移，孔隙水压力，黏聚力，内摩擦角，台阶高度，平台宽度、内部应力，地震烈度）＝（0.273，0.178，0.127，0.103，0.082，0.072，0.053，0.045，0.038，0.029）。

3. 确定预警等级

采用 Excel 软件计算各指标关于四个预警等级的关联度函数值，计算结果如表 4－3 所示。

表 4－3　滑坡预警等级的关联度函数值

预警等级	C_1	C_2	C_3	C_4	C_5	C_6	C_7	C_8	C_9	C_{10}	关联度
Ⅰ	-0.50	-0.50	-0.83	-0.50	0.50	-0.17	-0.50	-0.83	-0.50	-0.17	-0.441
Ⅱ	-0.25	-0.25	-0.75	-0.25	-0.25	0.25	-0.25	-0.75	-0.25	0.25	-0.251
Ⅲ	0.50	0.50	-0.50	0.50	-0.50	-0.17	0.50	-0.50	0.50	-0.17	0.033
Ⅳ	-0.25	-0.25	0.50	-0.25	-0.63	-0.38	-0.25	0.50	-0.25	-0.38	-0.138

由于，$K_3(N_x)=\max K_j(N_x)$，则翁章沟排土场灾害预警等级为Ⅲ级，黄色预警。说明翁章沟排土场的稳定性存在风险隐患，矿山企业应根据上述判断采取安全防护措施，并进一步分析隐患的深层次原因，在企业内部进行隐患整改，从根本上消除风险。

4.4　基于案例推理法的排土场灾害预警方法研究

选取案例推理法（CBR）进行排土场灾害的多指标评价预警，以大量的滑坡案例为基础，建立了排土场灾害的案例知识库，在预警的过程中能很好体现智能化、自学习的功能。

4.4.1　CBR 基本流程

案例推理法不需要理论和数学模型，是通过检索已经发生过的事故案例，找出新问题与已经发生过的案例的相同点和不同点，根据已经发生过的案例的解决方案来解决现有的新问题。案例推理系统属于开放的系统，是对传统推理方法的改进，具有维护方便、推理高效等特点，更重要的是它具有增量式的学习功能，系统中有效的案例越多，它的推理效果越好。

CBR 是人工智能领域的重要推理方法，它将先前解决问题的经验与当前需要解决的问题联系起来，把需要解决的新问题称为目标案例，而过去解决过的问题及其描述称为源案例，目标案例与源案例之间存在相似性时就产生了相似结构，其推理过程依赖于这种相似性。

一个待解决的新问题就是目标案例，把目标案例输入案例库，对案例库进行检索，检索出与目标案例最相似的源案例，如果源案例的情况与目标案例的情况一致，那么将源案例的解决方案提交给用户；反之，则调整与目标案例相对应的源案例的解决方案，如果用户对新的解决方案满意，则将方案直接提供给用户，如果不满意还需要继续调整；最后对用户满意的解决方案进行学习，将其保存到案例库中，如图4-1所示。

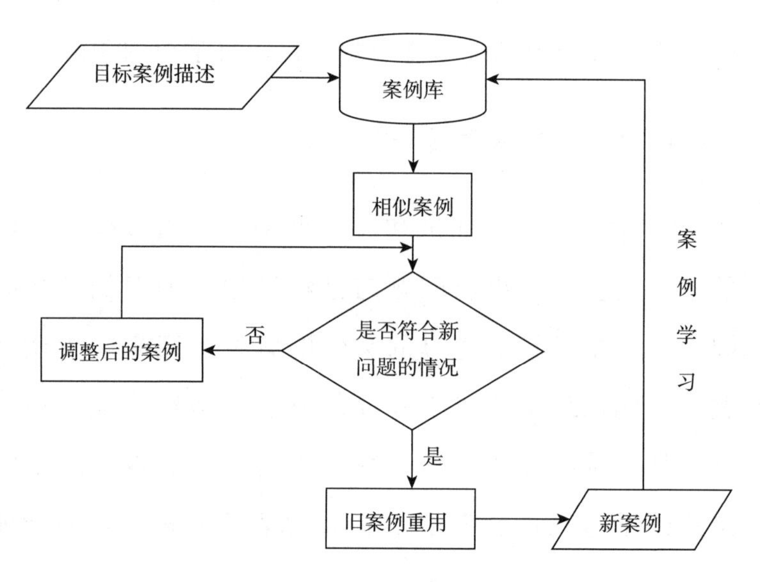

图4-1 案例推理法的流程

4.4.2 建立排土场滑坡案例库

CBR的推理过程离不开案例库，它是进行案例推理的基础，也是决定案例推理能否成功的关键因素，案例库中案例的数量和质量直接影响着CBR的推理结果。因此，建立内容完善、指标合理、数据准确的矿山排土场边（滑）坡的案例知识库是运用 CBR 进行排土场滑坡预警的首要任务。

通过大量现场监测数据的统计分析，我们整理了 100 组对应矿山排土场的边坡实例数据，每一组数据都包括排土场灾害预警的 10 个指标，以及该案例所对应的预警等级，预警等级确定参考预警可选指标的变化值，主要是依据边坡的稳定状态和滑坡事故的危害。

由于整理的排土场边（滑）坡实例中预警指标有定量和定性描述两种，为方便 CBR 的计算，我们根据案例中预警指标的描述情况，依据前面给出的预警指标的预警准则，对这些预警指标进行打分，分值采用百分制，各指标相对于预警等级的分值为Ⅰ级（0～40 分）、Ⅱ级（41～60 分）、Ⅲ级（61～80 分）、Ⅳ级（81～90 分）和Ⅴ级（91～100 分），这 100 组排土场的边坡实例数据是应用 CBR 进行排土场滑坡预警的基础。

4.4.3　CBR 案例的表示方法

1. CBR 案例的主要表示法

案例的表示是案例推理系统的重要组成部分，一个系统的好坏在很大程度取决于案例库的丰富性和有效性。为了让现实世界的案例被计算机应用，必须要对其抽象化，将案例表示成计算机可以识别的形式。一般来说，表示案例的最佳方法是将案例的性质和求解方法紧密结合起来。案例的表示方法一般具有可理解性、可扩充性、准确性和清晰简单等特点。

CBR 案例的表示方法有框架表示法、产生式表示法、语义网络表示法等，其中框架表示法应用较多。

1975 年美国学者 M. L. Minsky 提出了框架表示法，框架是相关信息组成的一个知识单元，具有结构化的特点，模拟了人脑对知识多方面和分层次的存储结构，简洁直观、便于理解。一个框架由框架名和一组槽构成，槽表示对象的一个属性，它的值就是对象的属性值。一个槽可以包含若干个侧面，每个侧面又有一个或多个值，侧面的值也可以嵌套其他框架，如图 4－2 所示。

<框架名>
<槽1> <侧面11> <值111> …
<侧面12> <值121> …
⋮
<侧面1m> <值1m1> …
<槽2> <侧面21> <值211> …
<侧面22> <值221> …
⋮
<侧面2m> <值2m1> …
⋮
<槽n> <侧面n1> <值n11> …
<侧面n2> <值n21> …
⋮
<侧面nm> <值nm1> …

图 4－2 案例的框架表示

2. 排土场滑坡案例的框架表示

通过对案例表示方法的对比分析，并结合排土场滑坡事故案例的特点，应用框架表示法来对排土场的滑坡事故进行描述。通过矿山排土场滑坡事故案例的分析，总结归纳出排土场滑坡的事故特征要素主要包括以下几方面。

（1）案例基本信息。基本信息如滑坡发生时间、地点、滑坡原因、滑坡危害等。有了事故的基本信息，便可以宏观地掌握事故的概况。

（2）案例特征信息。特征信息主要是指影响排土场滑坡灾害的10个预警指标。特征信息是事故案例推理的重要基础，因此抽取的事故特征要素需涵盖排土场滑坡事故涉及的各种关键因素。

（3）案例处置信息。每起事故发生后必定会采取一些救援措施或应对方案，对救援措施或应对方案实施效果的评价有助于了解此种救援措施或应对方案的可行性，为以后可能遇到的事故提供参考，这是CBR系统给出问题解决方案的依据。

对矿山排土场滑坡灾害的特征信息抽取完成后，需应用框架表示法对其进行抽象化、形式化的描述。将排土场滑坡事故的案例框架划分为了3个“槽”，不同的“槽”根据需要又分别划分为不同层级的“侧面”，具体描述形式如图4－3所示。

用< >描述框架，框架名称为排土场滑坡案例。槽01的名称是案例基本信息，槽02的名称是案例特征信息，最后一个槽03的名称是案例处置信息。槽01下面包括8个侧面，分

框架名 <排土场滑坡案例>
槽 01 案例基本信息
　　侧面 101 案例编号
　　侧面 102 滑坡时间
　　侧面 103 滑坡名称
　　侧面 104 滑坡地点
　　侧面 105 滑坡规模
　　侧面 106 滑坡类型
　　侧面 107 滑坡原因
　　侧面 108 滑坡危害
槽 02 案例特征信息
　　侧面 201 黏聚力
　　侧面 202 内摩擦角
　　侧面 203 台阶高度
　　侧面 204 平台宽度
　　侧面 205 地表位移
　　侧面 206 内部位移
　　侧面 207 孔隙水压力
　　侧面 208 内部应力
　　侧面 209 降雨量
　　侧面 210 地震烈度
槽 03 案例处置信息
　　侧面 301 应急预案
　　侧面 302 处置措施
　　侧面 303 处置效果
　　侧面 304 备注

图 4－3 排土场滑坡事故案例框架表示

别是 101 案例编号、102 滑坡时间、103 滑坡名称、104 滑坡地点、105 滑坡规模、106 滑坡类型、107 滑坡原因和 108 滑坡危害。槽 02 下面包括 10 个侧面，分别是 201 黏聚力、202 内摩擦角、203 台阶高度、204 平台宽度、205 地表位移、206 内部位移、207 孔隙水压力、208 内部应力、209 降雨量、210 地震烈度。槽 03 下面包括 4 个侧面，分别是 301 应急预案、302 处置措施、303 处置效果、304 备注。

4.4.4　CBR案例检索方法

1. 案例检索方法

案例检索是CBR方法的核心内容，检索结果的好坏直接影响案例推理系统的成功与否。案例检索是指在给定的案例库中查找相似的历史案例，它需要在给定的领域内通过一定标准对案例进行分类，因此案例特征的抽取是关键。目前，案例检索方法主要有最近相邻策略、要素检索策略、归纳推理策略和知识引导策略。案例检索方法的选取要尽量符合三个标准：检索时间短、检索出的案例少、检索出的案例尽可能与目标案例相似。

每种案例检索方法都有优缺点，检索策略不同，得到的解也不同。如何选择案例检索策略是CBR方法中最为重要的部分，为了提高检索的效率和精度，研究新的检索方法，使多种检索方法有效地结合在一起取长补短，是CBR检索方法的研究方向。在现有检索方法的基础上，结合排土场滑坡预警的实际情况提出了基于欧氏距离和RBF神经网络的CBR案例混合检索方法。

2. 基于欧氏距离的检索方法

由于案例检索是在相似比较的基础上进行的，因此案例相似度的定义和计算方法尤为重要。这里只研究数值属性的相似度，对于数值属性的相似度一般是和距离联系在一起的，通常是根据距离的大小来定义案例的相似度，距离越小，相似度越高，通常把案例的相似度计算结果规定在［0，1］区间范围内。

在案例检索方法中，传统的也是目前用得最多的相似度计算方法是欧氏距离，通过欧氏距离计算目标案例与排土场源案例间的相似程度。欧氏距离的计算公式为：

$$d_{iT} = \left\{ \sum_{h=1}^{n} W_h [V_i(h) - V_T(h)]^2 \right\}^{1/2} \quad (4-22)$$

式中，d_{iT}——排土场的目标案例 T 与排土场的源案例库中第 i 个案例之间的欧氏距离，d_{iT}越小，说明它们之间越相似；

V_i（h）——排土场的源案例库中第 i 个案例的第 h 个属性的值；

n——属性总数；

V_T（h）——目标案例 T 的第 h 个属性的值；

W_h——属性 h 的权重。

为使源案例与目标案例相似取值范围限制在 0～1 之间，可将基于欧氏距离的检索算法的相似度定义为：

$$sim = \frac{1}{1 + d_{iT}} \quad (4-23)$$

一个滑坡案例是数据库中的一条记录，案例相似检索只取案例库中案例的特征信息，即只取案例库中描述排土场滑坡的 10 个预警指标的分值作为检索条件和相似度计算的属性项。其中，前 90 组案例作为源案例，后 10 组案例作为目标案例。通过计算目标案例的预警指标与源案例的预警指标之间的相似性，来判断目标案例的预警等级。

根据第三章计算的排土场灾害预警指标的权重值，依次输入目标案例，计算案例间的欧氏距离，根据公式将最小相似度数据进行归一化，并将归一化的最小相似度及目标案例与最相似源案例的预警等级进行比较，比较结果见表 4－4 所示。

表 4－4 基于欧氏距离的排土场稳定性比较

目标案例	目标案例预警等级	目标案例预警信号	距离	相似度	最相似源案例	源案例预警等级	源案例预警信号	预警等级误差
91	Ⅳ	蓝色	0.065	0.939	37	Ⅴ	绿色	有
92	Ⅴ	绿色	0.043	0.959	87	Ⅴ	绿色	无
93	Ⅱ	橙色	0.113	0.898	72	Ⅲ	黄色	有
94	Ⅳ	蓝色	0.076	0.930	31	Ⅳ	蓝色	无
95	Ⅳ	蓝色	0.01	0.990	27	Ⅳ	蓝色	无
96	Ⅱ	橙色	0.008	0.992	29	Ⅱ	橙色	无
97	Ⅱ	橙色	0.031	0.97	30	Ⅱ	橙色	无
98	Ⅳ	蓝色	0.022	0.978	31	Ⅳ	蓝色	无
99	Ⅱ	橙色	0.018	0.982	32	Ⅱ	橙色	无
100	Ⅰ	红色	0.058	0.946	51	Ⅰ	红色	无

注：Ⅴ级预警信号为绿色，表示无警，不需要应急。

目标案例（91）与源案例（37）最相似，源案例的预警等级为Ⅴ级；目标案例（92）与源案例（87）最相似，源案例的预警等级为Ⅴ级；目标案例（93）与源案例（72）最相似，源案例的预警等级为Ⅲ级；目标案例（94）、（98）与源案例

（31）最相似，源案例的预警等级为Ⅳ级；目标案例（95）与源案例（27）最相似，源案例的预警等级为Ⅳ级；目标案例（96）与源案例（29）最相似，源案例的预警等级为Ⅱ级；目标案例（97）与源案例（30）最相似，源案例的预警等级为Ⅱ级；目标案例（99）与源案例（32）最相似，源案例的预警等级为Ⅱ级；目标案例（100）与源案例（51）最相似，源案例的预警等级为Ⅰ级。根据预警等级的情况，得到了目标案例的预警名称和预警信号，对源案例和目标案例的误差分析可知，目标案例（91）和目标案例（93）的预警等级与源案例的预警等级存在误差，但是误差较小，只相差一个预警等级，预警结果在可接受范围内，说明了此方法的正确性和实用性。

3. RBF 神经网络

径向基函数（Radial Basis Function，RBF）神经网络可根据问题确定网络结构，具有学习速度快、逼近精度高、网络规模小且不存在局部极小解等特点，比 BP 神经网络具有更强的生命力，正在越来越广泛的领域内成为替代 BP 网络的一种新型网络，RBF 神经网络预测预报已经成功应用在许多工程领域。

RBF 神经网络结构一般包括三层，如图 4－4 所示。第一层是输入层，将外部输入信息传送到隐含层。第二层是隐含层，通过径向基函数实现输入空间到隐含空间的非线性变换，通常情况下，隐含空间具有较高的维数。隐含层的节点数目需要根据具体问题来确定。第三层是输出层，输出层神经元是线性的，它为作用于输入层的输入模式提供响应。

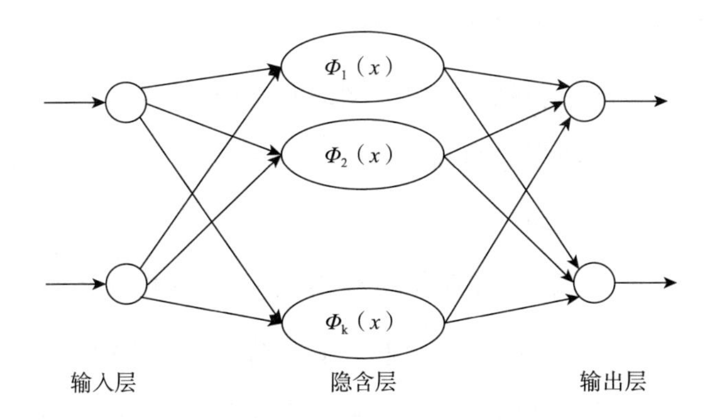

图 4－4　RBF 网络结构模型

RBF 神经网络径向基函数取高斯函数，输入层和隐含层之间的变换是非线性的，则隐含层第 k 个节点的输出为：

$$h_k(x_i) = \exp\left(\frac{\| x_i - c_k \|^2}{2\sigma_k^2}\right) \tag{4-24}$$

式中，$c_k = (c_{1k}, c_{2k}, \cdots, c_{pk})^T$ 为第 k 个隐节点的中心向量；σ_k为第 k 个隐节点的宽度；$\| * \|$ 为欧几里得范数。

RBF 神经网络的隐含层和输出层之间的映射是线性的。整个网络的输出方程为：

$$y(i) = w_0 + \sum_{k=1}^{m} w_i h(x_i) \tag{4-25}$$

式中，m 为当前网络中隐节点的个数；w_0为偏移量；w_i为输出层与隐含层第 k 个节点间的连接权重。

人工神经网络具有自组织、自学习、智能化的特点，知识获取能力强，能从大量的学习样本中提取特征知识，非常适用于边坡工程这种具有大量复杂性和不确定的数据信息，人工神经网络单纯作为一种方法在边坡工程中已有很多应用，人工神经网络的典型网络包括BP神经网络和RBF神经网络，RBF神经网络的优良特性使得它显现出比BP神经网络更强的生命力，已成功应用于很多领域。

因此，提出基于RBF神经网络的排土场滑坡案例推理的检索方法，可以针对案例库中预警等级的分类，检索出目标案例所在的案例子库，缩小检索范围，提高案例推理方法的效率。

4. 基于RBF神经网络的检索方法

如果案例库很大，案例间的指标项个数相差很大，都采用相同的案例记录结构会很浪费存储空间，导致搜索时间过长。为了避免上述问题，可以根据案例的某项特征划分不同的案例子库，这样在进行案例检索时，先找到目标案例所属的子库，再在相应子库内检索最相似源案例，进行初步搜索，缩小搜索空间，这样就能缩短搜索时间，提高搜索效率。基于RBF神经网络的检索方法是先通过RBF神经网络对案例不同的子库进行检索，缩小目标案例的检索空间，再用欧氏距离计算相似度，检索最相似案例，把相似案例的解应用于目标案例。

排土场边坡案例库中搜集的案例按照滑坡预警等级分为五个等级，选取预警等级作为子案例库的特征向量，利用RBF神经网络检索，把检索范围缩小到五个预警等级中的某一个预警等级，然后在相应的等级子库内用欧氏距离进一步搜索最相似案例。在案例库中源案例数量非常多，源案例能提供更多特征信息时，这种方法能够得到很好的实际应用。

RBF 神经网络检索模型是一个三层径向基函数的网络，包括输入层、隐含层和输出层，利用样本数据对网络模型进行学习，得出网络模型的结构，即隐含层的数量；利用学习好的网络模型进行训练，并计算其误差，如果误差在可接受范围内，网络训练成功，可用于实际预测，RBF 神经网络检索模型建立的流程如图 4－5 所示。

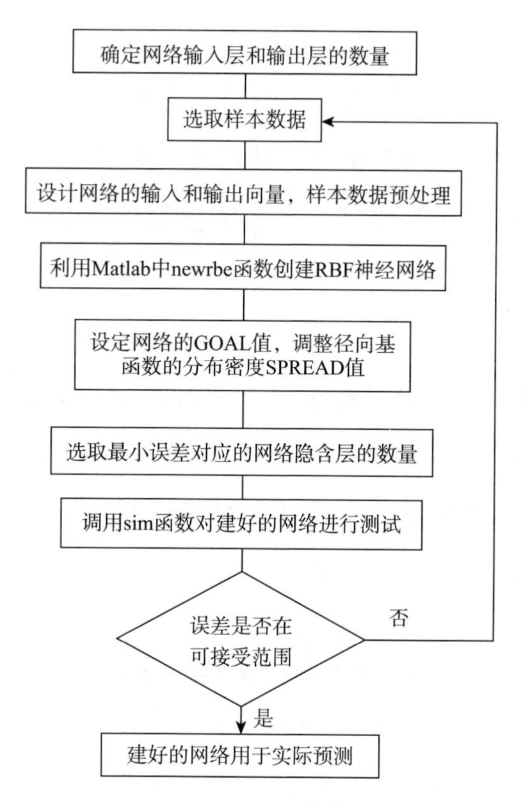

图 4－5 建立 RBF 神经网络检索模型的流程

（1）RBF 神经网络输入、输出层的确定。输入、输出层变量的选择对建立 RBF 神经网络十分重要，参数选择不合理，将会严重影响模型的性能，甚至导致建模的失败。

根据排土场滑坡的预警指标情况，建立的 RBF 神经网络模型的输入层神经元个数为 10 个，分别为已建立的 10 个预警指标，这也是 CBR 进行案例检索时，每个案例所具有的特征信息属性。

CBR 案例检索时，案例子库选取的特征信息为预警等级，因此 RBF 神经网络模型的输出变量为排土场滑坡的预警等级，共分为Ⅰ级、Ⅱ级、Ⅲ级、Ⅳ级和Ⅴ级五个等级，神经元个数定为 5 个，输出变量用向量（0，1）的组合来表示，它的输出数值为［1，5］之间的整数，即向量（0，1）中 1 向量所在列的位置，这个具体的数值与排土场滑坡的预警等级一一对应，如表 4 – 5 所示。

（2）样本数据的选取。为了缩小 RBF 神经网络的误差值，使建立的 RBF 神经网络检索模型更加科学合理，选取 90 组数据作为样本数据，用来完成 RBF 神经网络的学习，剩余的 10 组数据作为测试数据。原始数据的输入向量是以分值表示的，需要对其进行归一化的处理。

表 4 – 5　RBF 神经网络模型的输出向量

预警等级	Ⅰ	Ⅱ	Ⅲ	Ⅳ	Ⅴ
预警名称	红色预警	橙色预警	黄色预警	蓝色预警	无警
输出向量	[0 0 0 0 1]	[0 0 0 1 0]	[0 0 1 0 0]	[0 1 0 0 0]	[1 0 0 0 0]
输出数值	5	4	3	2	1

在 Matlab 命令窗口键入神经网络的原始样本数据向量，利

用 Matlab 程序语言将原始数据归一化处理，得到神经网络的输入向量 p，并键入目标向量 t。

（3）RBF 神经网络的创建。Matlab 是美国 MathWorks 公司出品的商业数学软件，是用于算法开发、数据可视化、数据分析以及数值计算的高级技术计算语言和交互式环境，主要包括 Matlab 和 Simulink 两大部分。Matlab 软件提供神经网络工具箱，我们可以方便地调用里面用 Matlab 语言编写的神经网络函数和命令，解决大量矩阵等计算问题，可以自由地创建网络、设定参数，对网络进行训练和检验。

建立的 RBF 网络检索模型，需要在 Matlab 中实现，需要用到 Matlab 神经网络工具箱中许多 RBF 网络工具函数，主要函数的功能如表 4－6 所示。

表 4－6　RBF 神经网络相关函数与功能

序号	函数名称	功能
1	dist（）	计算向量间的距离函数
2	ind2vec（）	将数据索引向量变换成向量组
3	vec2ind（）	将向量组变换成数据索引向量
4	newgrnn（）	建立一个广义回归径向基函数神经网络
5	newpnn（）	建立一个概率径向基函数神经网络
6	newrb（）	建立一个径向基函数神经网络
7	newrbe（）	建立一个严格的径向基函数神经网络
8	radbas（）	径向基传输函数
9	simurb（）	径向基函数神经网络仿真函数
10	solverb（）	设计一个径向基函数神经网络
11	solverbe（）	设计一个精确径向基函数神经网络

用 newrb 函数新建一个 RBF 神经网络，进行网络的训练，代码如下。

```
>> p = p';
>> t = t';
>> goal = 0.001;
>> spread = 0.5;
>> net = newrb(p,t,goal,spread);
```

由图 4－6 到图 4－10 所示，设定网络学习目标 goal 为 0.001，在样本数据学习过程中，通过不断改变 spread 的值，观察它对输出的影响。当 spread 值从 0.1 逐渐增加到 0.5 时，网络的学习误差最小，再继续增大 spread 值为 1 时，网络的学习误差开始变大。反复测试后，将 spread 的值定为 0.5，此时网络的误差值最小，网络隐含层的数量为 49，因此，确定了 RBF 神经网络模型的结构为 10－49－5。

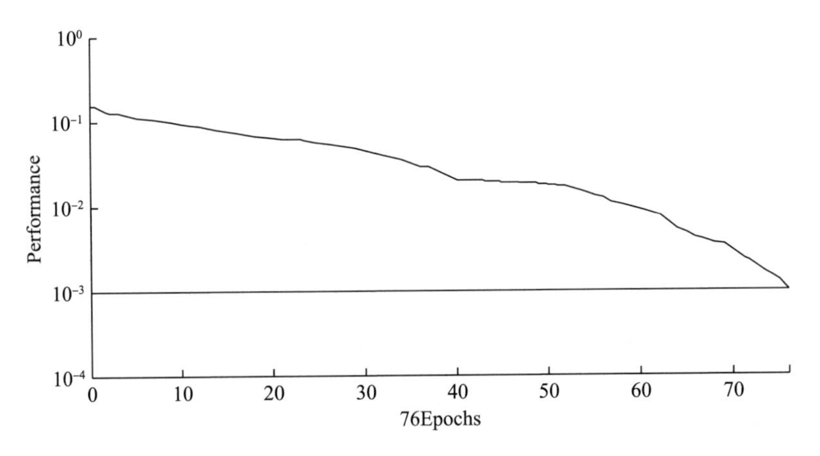

图 4－6　spread＝0.1 时网络的学习误差曲线

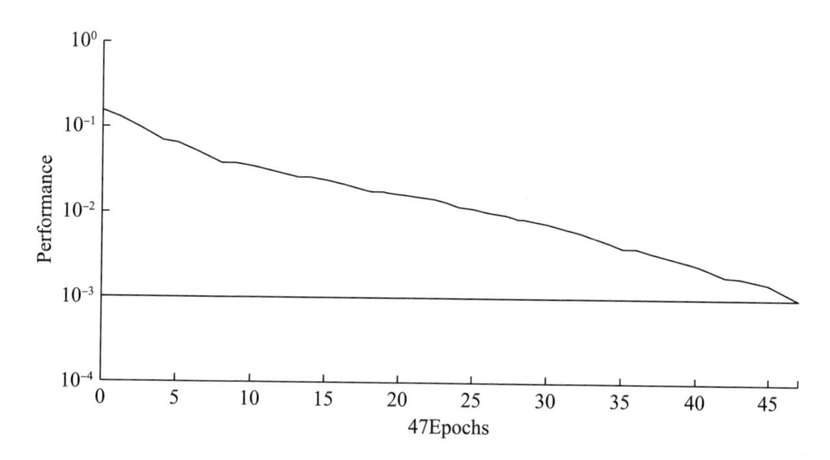

图 4 -7　spread =0.3 时网络的学习误差曲线

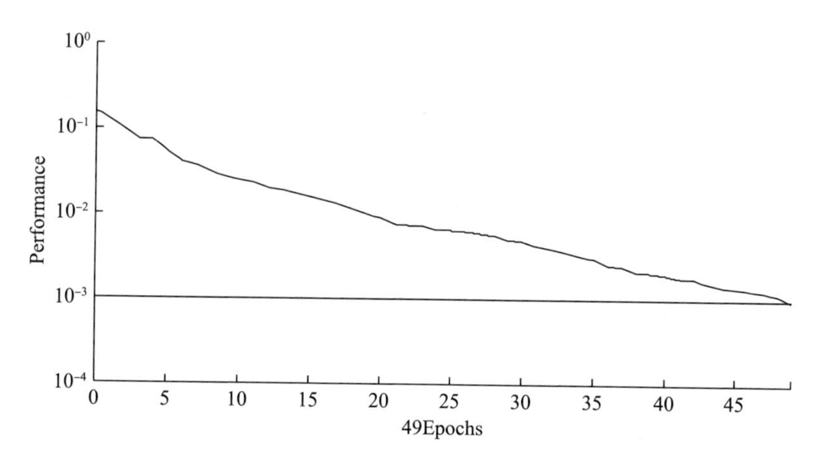

图 4 -8　spread =0.5 时网络的学习误差曲线

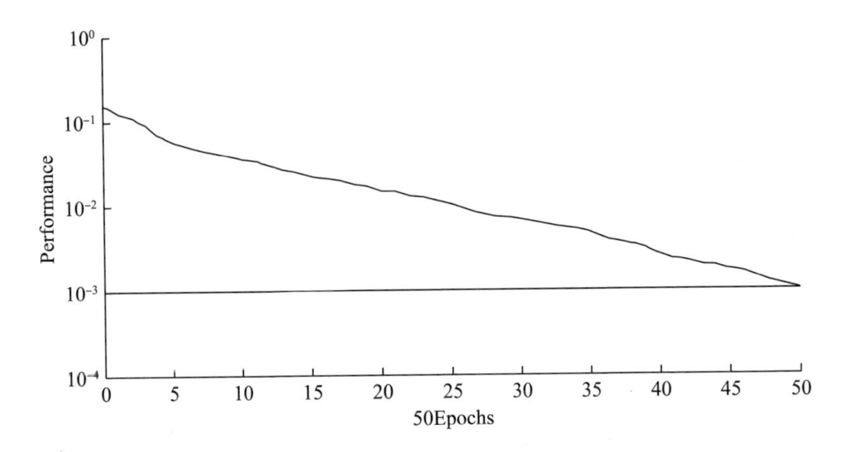

图 4－9　spread =0.7 时网络的学习误差曲线

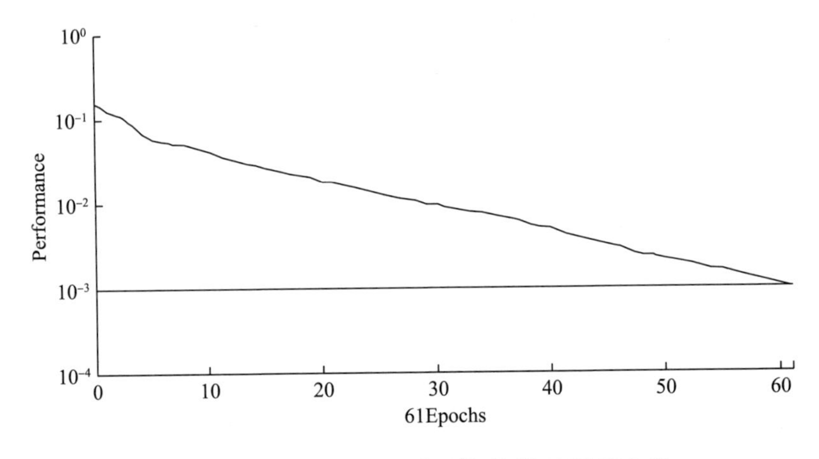

图 4－10　spread =1 时网络的学习误差曲线

因为概率神经网络是一种适用于分类问题的径向基神经网络，而期望输出是预警等级变量，故应用 newpnn 函数对输出数据进行处理，再用 vec2ind 函数将向量组转换为数据索引向量。代码如下。

```
>> net1 = newpnn(p,t);
y = sim(net1,p)
y =
Columns 1 through 25
1 1 1 1 1 1 1 1 1 1 1 1 1 1 1 0 0 0 0 0 0 0 0 0 0
0 0 0 0 0 0 0 0 0 0 0 0 0 0 0 0 0 0 0 0 0 0 0 0 0
0 0 0 0 0 0 0 0 0 0 0 0 0 0 0 1 1 1 1 1 1 1 1 1 1
0 0 0 0 0 0 0 0 0 0 0 0 0 0 0 0 0 0 0 0 0 0 0 0 0
0 0 0 0 0 0 0 0 0 0 0 0 0 0 0 0 0 0 0 0 0 0 0 0 0
Columns 26 through 50
0 0 0 0 0 0 0 0 0 0 0 0 0 0 0 0 0 0 0 0 1 1 1 1 1
1 0 1 1 1 0 1 0 1 1 0 0 0 0 1 0 1 0 1 0 0 0 0 0 0
0 0 0 0 0 0 0 0 0 0 0 0 0 0 0 0 0 0 0 0 0 0 0 0 0
0 1 0 0 0 1 0 1 0 0 0 0 0 0 0 0 0 1 0 1 0 0 0 0 0
0 0 0 0 0 0 0 0 0 0 1 1 1 1 0 1 0 0 0 0 0 0 0 0 0
Columns 51 through 75
1 1 1 1 1 1 1 1 1 0 0 0 0 0 0 0 0 0 0 0 0 0 0 0 0
0 0 0 0 0 0 0 0 0 1 1 1 1 1 1 1 1 0 0 0 0 0 0 0 0
0 0 0 0 0 0 0 0 0 0 0 0 0 0 0 0 0 0 1 1 1 1 1 1 1
0 0 0 0 0 0 0 0 0 0 0 0 0 0 0 0 0 0 0 0 0 0 0 0 0
0 0 0 0 0 0 0 0 0 0 0 0 0 0 0 0 0 0 0 0 0 0 0 0 0
Columns 76 through 90
0 0 0 0 0 0 0 0 0 0 0 0 0 0 0
0 0 0 0 0 0 0 0 0 0 0 0 0 0 0
1 1 0 0 0 0 0 0 0 0 0 0 0 0 0
0 0 1 1 1 1 1 1 1 1 1 0 0 0 0
0 0 0 0 0 0 0 0 0 0 0 1 1 1 1
>> yc = vec2ind(y)
yc =
Columns 1 through 25
1 1 1 1 1 1 1 1 1 1 1 1 1 1 1 3 3 3 3 3 3 3 3 3 3
```

Columns 26 through 50

2 4 2 2 2 2 4 2 4 2 2 5 5 5 5 2 5 2 4 2 4 1 1 1 1 1

Columns 51 through 75

1 1 1 1 1 1 1 1 1 2 2 2 2 2 2 2 2 2 2 3 3 3 3 3 3 3

Columns 76 through 90

3 3 4 4 4 4 4 4 4 4 4 5 5 5 5

可以看出，网络的输出和预期的结果一致，通过训练的输出结果与期望值比较，网络准确地识别了学习样本，实际输出值与期望值完全吻合，排土场滑坡的预警指标与排土场滑坡预警等级之间建立了非线性的映射关系，RBF 神经网络模型的学习过程结束。

(4) RBF 神经网络的测试。用剩余的 10 组样本数据测试已经训练好的 RBF 神经网络模型，在 Matlab 中编写程序代码，输入误差曲线图，将输出结果与实际值进行误差比较，如图 4－11 所示。

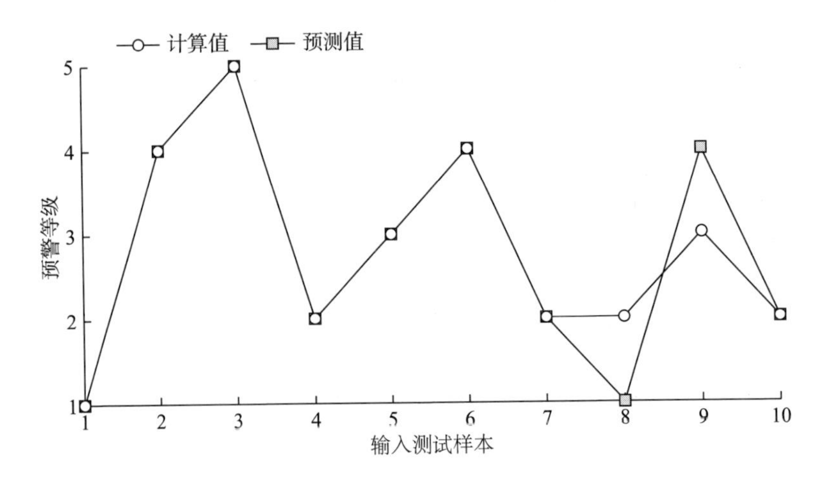

图 4－11　RBF 神经网络测试误差曲线

由图4－11可知，10组数据中仅第8组和第9组数据存在误差，第8组数据的实际预警等级为Ⅱ级，预测值为Ⅰ级，而第9组数据的实际预警等级为Ⅲ级，预测值为Ⅳ级，两组数据均相差一个预警等级，测试误差在允许范围内，说明建立的RBF神经网络预测模型是合理的。训练好的RBF神经网络具备了学习、判别能力，可以用来进行实际的预测，因此利用建立的RBF神经网络模型进行CBR案例的检索。

4.4.5 CBR案例的调整和修正

通常检索到的源案例与目标案例的相似度不可能为1，即目标案例与源案例不可能完全匹配，因此要对检索出的最相似源案例进行修正和调整，以便找到目标案例的解决方案。

CBR案例的调整和修正是CBR中的一个难点，很多CBR推理停留在检索阶段，很多成功的CBR系统都是将案例的修正与调整工作留给使用者来完成，考虑到案例的调整与修正实现起来比较困难，很多CBR系统在应用中常常回避这个问题。

目前，我们还没有统一的普遍适用的方法来进行案例的调整与修正，主要原因是CBR与所涉及的领域知识密切相关。根据案例调整和修正的操作者不同，案例调整和修正的主要方法包括“计算机自动调整”和“用户人为调整”两种方法。

“计算机自动调整”主要是根据预先设定好的一些规则和策略，对检索出的相似案例进行调整和修正来匹配目标案例。

“用户人为调整”主要是使用者根据自身的实际要求对相

似案例进行调整和修正，这里多借助领域专家联合完成，领域专家经验丰富，可以对新案例中具有的案例特征属性进行追加，并对特征项的内容进行修改。

通过对 CBR 调整和修正方法的研究，并且参考前人的研究成果，针对所研究的排土场滑坡事故案例的特点，我们在 CBR 案例的调整和修正中主要采用“用户人为调整”的方法。需要指出的是，这里的用户主要是领域内的专家，也包括矿山企业的使用者。借助专家的知识和经验对检索出来的案例进行调整和修正来匹配目标案例，同时在案例检索的过程中，对被检索到的案例进行排序，与问题案例比较接近的案例的解决方案同样对新问题具有一定的参考意义。CBR 调整的基本过程是：首先，检索出与目标案例最相似的案例和次相似的案例；然后，专家对新案例中的各个特征属性进行分析，根据检索出的最相似和次相似案例的对应特征的内容进行修正，这种修正一般是领域专家根据自己的专业知识来完成的。

4.4.6 CBR 案例的学习和存储

CBR 案例的学习是案例库中不断增加新案例和完善旧案例的过程。案例库中的案例一开始很有限，需要在使用中不断将新的有推理意义的案例加入案例库中，以便积累经验。然而，有些案例基本相似或相同，如果都加到案例库中，将导致案例库庞大和冗余，因此必须对加到案例库中的案例进行学习。CBR 案例的学习通常包括成功学习和失败学习两种。

案例的成功学习是案例推理的成功和案例库的学习。案例推理的成功是经过案例的调整与修正，源案例中的解决方案可以作为目标案例的解决方案提供给用户。案例库的学习包括不增加案例和增加案例两种情况，当案例库中检索出的源案例与目标案例的相似度大于设定的阈值 a 时，那么案例库中不增加新案例。反之，则目标案例作为新案例增加到案例库中。

案例的失败学习是案例推理的不成功和案例库的学习。案例推理的不成功是当检索出来的源案例与目标案例的相似度低于设定的阈值 b 时，源案例的解决方案不适合目标案例的解决方案。案例库的学习同样包括不增加案例和增加案例两种情况，如果领域专家能够给出新案例的解决方案，则目标案例作为新案例加入案例库中。反之，不增加目标案例。

需要注意的是，CBR 案例学习中的阈值 a 和 b 是领域专家预先给定的，对于不同的 CBR 应用领域，a 和 b 的值不是固定的。

对于案例的学习来说，不仅要从相似度来学习，还应从案例的检索和应用情况来学习，这才能体现知识的演变性，对于排土场滑坡的案例推理数据库中的每一个案例，增加两个检索字段，即“案例检索次数”与“案例应用次数”。对于排土场滑坡案例数据库中的一个新案例，这两个字段的初始值均为 0。随着排土场滑坡案例库的使用，当某案例被检索并成功解决了目标案例的问题时，它的“案例检索次数”与“案例应用次数”两个字段的值都相应加 1；如果某排土场滑坡案例未能成功解决目标问题，那么将“案例检索次数”字段的值加 1，“案例应用次数”字段的值不变。当一个排土场滑坡案例的“案例检索次数”明显大于“案例应用次数”时，该案例将被认定为冗余予以删除，或依照知识库知识经过调整使其变为正确案例，保证检索案例库中案例的典型性。

基于上述分析，邀请领域专家给出 CBR 案例的学习阈值，分别为 $a=85\%$，$b=30\%$。排土场滑坡预警的 CBR 学习原则：当 CBR 成功学习时，源案例与目标案例的相似度大于 85%，则不增加新案例；当源案例与目标案例的相似度小于 30%，CBR 学习失败时，如果领域专家能够给出新案例的解决方案，则目标案例作为新案例加入案例库中，反之，不增加目标案例。

4.5 基于案例推理法的排土场灾害预警方法的应用

以瓮福集团瓮福磷矿所属穿岩洞矿翁章沟排土场的实际情况为目标案例，进行案例推理的应用，目标案例所包含的主要特征值是地表位移、降雨量、内部位移、孔隙水压力、黏聚力、内摩擦角、台阶高度、平台宽度、内部应力、地震烈度 10 个中长期预警指标的得分值。

首先，通过调研资料对翁章沟排土场的实际情况进行详细分析，然后，征求相关领域专家意见，对翁章沟排土场的 10

个预警指标的现状进行打分。翁章沟排土场的 10 个预警指标对应于风险等级的分值如表 4－2 所示，为便于计算，需要对预警指标的具体数值进行归一化计算。

根据输入的目标案例，在排土场边坡源数据库中进行案例检索，案例检索时采用 RBF 神经网络和欧氏距离相结合的检索方法，提高检索的效率和准确性。

应用训练好的 RBF 神经网络检索模型，此模型经过前面的学习训练，已经建立了从 10 个预警指标到 5 个预警等级的复杂非线性映射关系，输入向量为经过归一化的翁章沟排土场 10 个预警指标值，输出向量为预警等级，应用训练好的 RBF 神经网络模型进行第一次检索，在 Matlab 中的输出代码如下。

```
>> y1 = sim(net1,p1)
y1 =
    0
    0
    1
    0
    0
>> yc1 = vec2ind(y1)
yc1 =
     3
```

由仿真结果可知，输出值为 3，说明翁章沟排土场的滑坡预警等级为Ⅲ级，即黄色预警，这与翁章沟排土场的实际情况基本一致，也与可拓学评价预警方法相吻合。

根据 RBF 神经网络的检索结果，计算得出翁章沟排土场边坡案例的最相似案例为源案例（16），案例相似度为0.956；次相似案例为源案例（17），案例相似度为0.947。案例检索完成。表4－7为翁章沟排土场边坡最相似和次相似案例的预警信息和处置方案。

参考相似案例（16）和次相似案例（17）的预警信息，给出翁章沟排土场边坡的滑坡预警等级为Ⅲ级，即黄色预警，以黄色作为预警信号向矿山企业给出警报。

表4－7 翁章沟排土场边坡相似案例的预警信息和处置方案

相似源案例	相似度	预警等级	处置方案
16（最相似）	0.956	Ⅲ级	疏排水，治理排土场坡脚安全隐患，对软硬岩石进行混合排弃
17（次相似）	0.947	Ⅲ级	清理库区内乱采乱挖现象，对下游居民普及排土场安全知识，监测位移量变化

翁章沟排土场边坡的下游存在村庄，一旦发生滑坡事故，影响面大，后果严重，针对检索出的相似源案例的应急处置方案，结合翁章沟排土场的实际情况和领域专家意见，给出了翁章沟排土场的处置措施为：疏排水，清理库区内乱采乱挖现象，对下游居民普及排土场安全知识，监测排土场边坡位移量的变化。

根据CBR案例的学习规则，由于案例库中存在与翁章沟排土场相似度大于0.85（85%）的案例，因此翁章沟排土场的边坡案例不作为新案例增加到排土场案例库中。

第五章　矿山排土场灾害监测预警系统的建立

矿山排土场灾害监测预警系统，包括硬件系统和软件系统两部分，本章重点介绍硬件系统的工程建设情况，软件系统的开发情况将在下章详细介绍。

5.1　系统设计依据及原则

5.1.1　系统设计依据

（1）《建筑物防雷设计规范》（GB 50057－2010）；

（2）《电气装置安装工程低压电器施工及验收规范》（GB 50254－1996）；

（3）《安全防范工程程序与要求》（GA/T 75－1994）；

（4）《质量管理体系标准》（GB/T 19000－2016、GB/T 19001－2016）。

5.1.2 系统设计原则

（1）监测预警系统应遵循科学可靠、布置合理、全面系统、经济适用的原则；

（2）监测预警系统的布置应根据现场的实际情况，突出重点，兼顾全面，统筹安排，合理布置；

（3）监测仪器、设备、设施的选择，应先进和便于实现在线监测；

（4）监测仪器、设备、设施的安装、埋设和运行管理，应确保施工质量和运行可靠；

（5）监测预警系统运行可靠，故障率小于5%，巡测采样时间小于30分钟。

5.2 系统设计方案

5.2.1 监测的范围

因整个排土场面积巨大，在项目试验阶段就整体监测从技术性和经济性上都不现实，故选择长150m、宽30m的区域作为布置监测仪器的监测区域，排土场灾害监测的范围为4500m^2。

5.2.2 监测的指标

根据第三章提出的矿山排土场灾害预警指标，排土场需要监测的指标包括地表位移、内部位移、降雨量、孔隙水压力、内部应力和土壤含水率。

5.2.3　系统的组成

为实现监测指标，结合现场实际情况，矿山排土场灾害监测系统由前端监测仪器、数据采集装置、供电系统、防雷系统、数据传输网络和监测预警中心组成，其拓扑结构如图 5 –1 所示。现场的前端监测仪器负责监测排土场各项灾害预警指标，数据采集装置采集和汇总监测数据后通过数据传输网络（有线或无线的方式）传输到监测预警中心，监测预警中心对

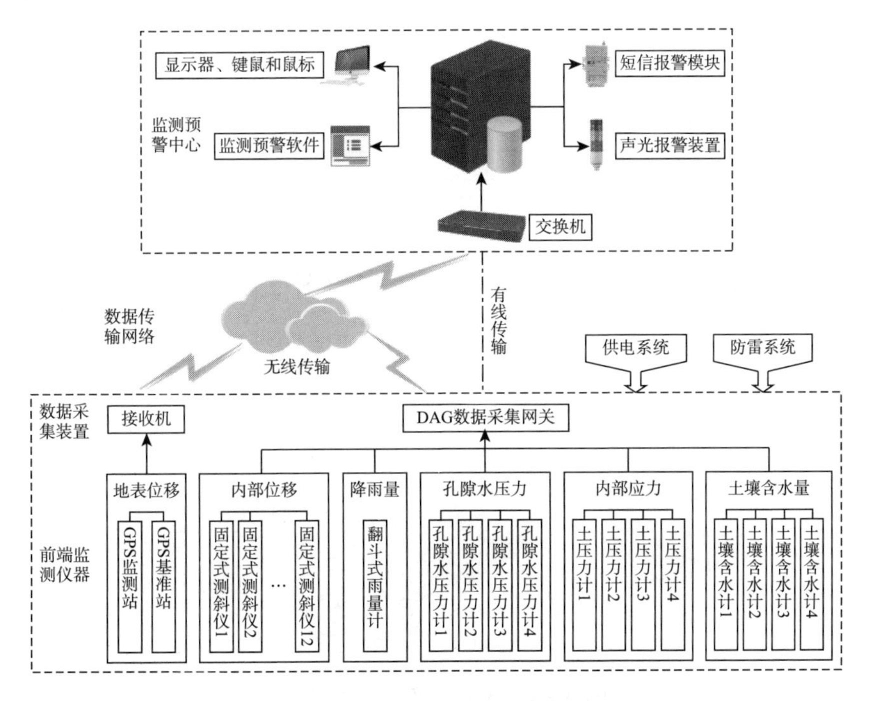

图 5 –1　矿山排土场灾害监测系统拓扑结构

传输来的监测数据进行存储、分析，进而进行预警；供电系统和防雷系统确保排土场现场各设备的正常运行和免受雷击。

1. 前端监测仪器

为了准确而有效地监测排土场各项灾害预警指标，应合理选择相应的前端监测仪器，具体如表 5 - 1 所示。

表 5 - 1　前端监测仪器同灾害预警指标对应关系

序号	灾害预警指标	前端监测仪器	数量
1	地表位移	GPS	2
2	内部位移	固定式测斜仪	12
3	降雨量	翻斗式雨量计	1
4	孔隙水压力	孔隙水压力计	4
5	内部应力	土压力计	4
6	土壤含水量	土壤含水计	4

（1）GPS

GPS 由接收机及专用天线组成，如图 5 - 2 所示。为监测地表位移，需要 2 台 GPS 配合使用，1 台为监测站，1 台为基准站。

图 5 - 2　GPS 接收机及天线

GPS监测地表位移的工作原理为：GPS监测站与基准站（安装在不发生位移变化的稳定区域）的接收机实时接收GPS信号，并通过数据传输网络实时发送到监测预警中心，监测预警中心服务器上安装的GPS数据处理软件实时差分解算出监测点的三维坐标，监测预警软件获取各监测点实时三维坐标并与初始坐标进行对比，从而获得该监测点的地表位移变化量。

（2）固定式测斜仪

固定式测斜仪由测斜杆、导向轮、连接钢丝绳、观测电缆等组成，如图5-3所示。

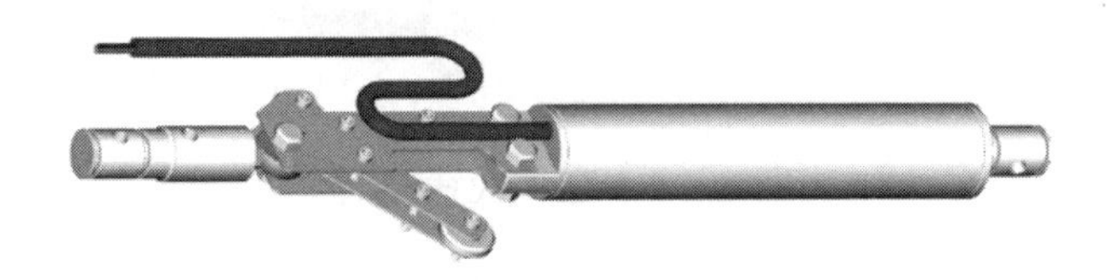

图5-3　固定式测斜仪

由多个固定式测斜仪串联吊装在测斜管内，通过在不同高程测杆内的倾斜传感器，测量出排土场内部的位移量，即内部位移。

（3）翻斗式雨量计

翻斗式雨量计由承雨口组件、外筒、底座组件、机芯组件等组成，机芯组件主要包括漏斗、翻斗、干簧管、信号输出端子等，如图5-4所示。

翻斗式雨量计工作时，进入承雨口内的雨水在其锥形底部汇集后，流入翻斗部件的漏斗，再注入翻斗。当翻斗累积到一定水量时，由翻斗自重、翻斗内水的重量、支承力、转动摩擦

图 5－4 翻斗式雨量计

阻力、磁阻力、流水冲击作用力等组成的力平衡关系被打破，使翻斗状态产生突变，翻斗翻转。固定在翻斗架上的干簧管受到磁激励，便产生一次通断信号，由信号输出端子将降雨量输出到数据采集装置，从而得到降雨量。

（4）孔隙水压力计

孔隙水压力计由透水部件、渗压计、观测电缆、振旋、激振电磁线圈等组成，如图 5－5 所示。

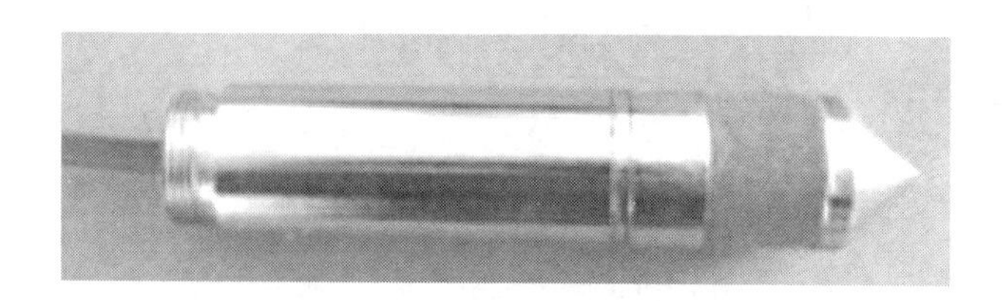

图 5－5 孔隙水压力计

当排土场内部孔隙水荷载作用在渗压计上，将引起弹性膜板的变形，其变形带动振弦，转变成振弦应力的变化，从而改变振弦的振动频率。电磁线圈激振振弦并测量其振动频率，频率信号经电缆传输至数据采集装置，即可测出排土场内部孔隙水荷载的压力值，即孔隙水压力。

（5）土压力计

土压力计由背板、感应板、观测电缆、振旋、激振电磁线圈等组成，如图 5 - 6 所示。

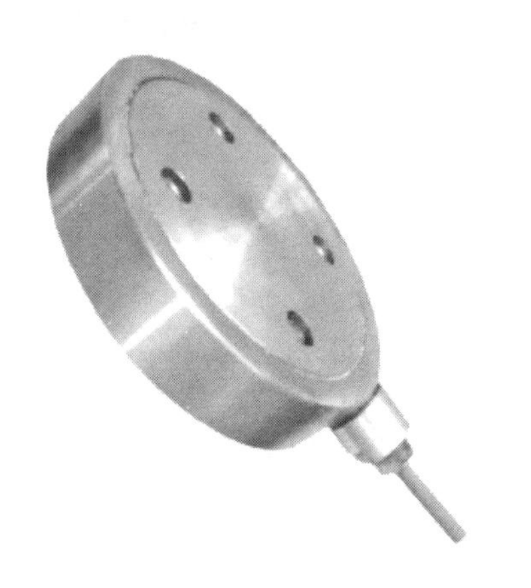

图 5 - 6　土压力计

当排土场内部应力发生变化时，土压力计的感应板同步感受应力的变化，感应板将会产生形变，形变传递给振弦，转变成振弦应力的变化，从而改变振弦的振动频率。电磁线圈激振振弦并测量其振动频率，频率信号经电缆传输至数据采集装置，即可测出排土场内部的压应力值，即内部应力。

（6）土壤含水计

土壤含水计由探头、带变送器等组成，如图5－7所示。

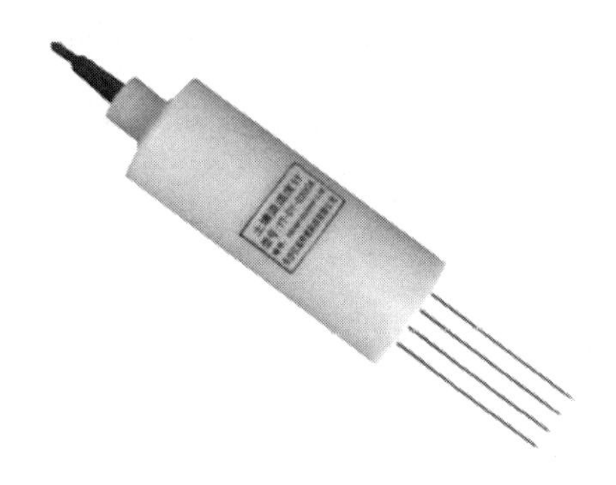

图5－7 土壤含水计

采用电磁脉冲原理测量土壤的表观介电常数，从而得到土壤真实水分含量，即土壤含水量。

2. 数据采集装置

数据采集装置分为两类，一类是GPS的接收机，一类是DAG数据采集网关。

（1）GPS接收机

由GPS接收机采集GPS天线获取的GPS信号，从而获得地表位移监测数据。

（2）DAG数据采集网关

除GPS外，其余前端监测仪器的监测数据由DAG数据采集网关采集。DAG数据采集网关是为了满足水文水利、国土地灾、电力等监测领域数据采集传输而研制的终端设备，以高性能低功耗MCU为核心，可通过北斗卫星通信链路、GPRS网络、设备串口实现数据的透明传输，支持GPRS和北斗卫星通信的智能切换，如图 5－8 所示。

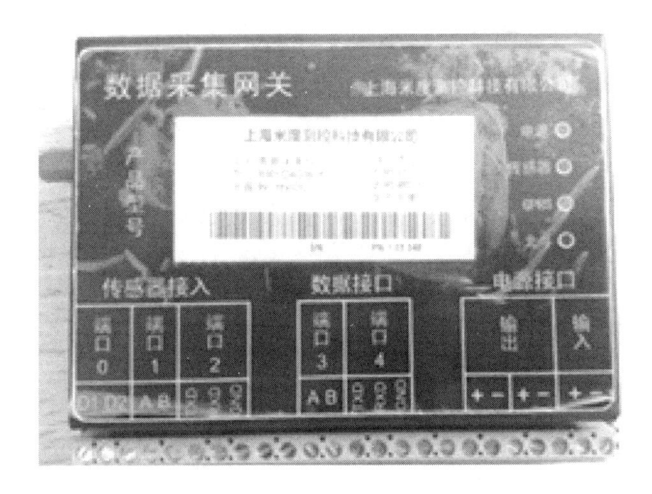

图 5－8　DAG 数据采集网关

3. 数据传输网络

数据传输网络负责将数据采集装置采集和汇总的监测数据传输到监测预警中心，按传输形式不同，分为有线传输和无线传输两种方式。矿山企业根据实际情况合理选择数据传输方式，并配置公网 IP 地址，开放网络通信端口等。

（1）有线传输

主要通过同轴电缆、双绞线和光纤来实现有线传输。

（2）无线传输

主要通过移动通信网络（4G、3G 或 GPRS 等）接入 Internet 以实现无线传输。

4. 监测预警中心

监测预警中心对传输来的监测数据进行存储、分析，进而进行预警，主要由服务器、显示器、短信报警、声光报警等硬件设备和监测预警软件组成。

监测预警中心应符合国家现行的有关控制室和计算机机房的规定，宜设置在矿山企业的调度中心。

5. 供电系统

供电系统为排土场现场的前端监测仪器、数据采集装置等供电，在不具备市电供电条件的情况下，宜采用太阳能供电，并具备在连续15日无光照条件下的供电能力。

6. 防雷系统

防雷系统主要保护排土场现场的前端监测仪器、数据采集装置等免受雷击，现场直击雷防护采用避雷针，感应雷防护采用单项电源避雷器和通信电缆防雷器。通信线路两端分别加装防雷器，一个防雷器靠近传感器，避免由于感应雷造成的电流对传感器的损害；另一个防雷器尽量靠近数据处理设备。

直击雷避雷接地系统控制在10Ω以下，感应雷避雷接地系统控制在4Ω以下。

5.2.4 监测点布置方案

用于布置前端监测仪器的位置点称为监测点，其布置方案如下：

（1）除GPS基准站外，所有监测设备布置在4500m^2的监测区域内，各监测点位于距离边坡约5m处，并尽量处于同一直线上；GPS基准站布置在监测区域以外的不发生位移变化的稳定地点；

（2）GPS位移监测包括监测站和基准站，监测站布置在监测区域的中轴线上，基准站布置在监测区域以外的稳定地点；

（3）雨量计、土壤含水计布置在GPS监测站附近；

（4）其余前端监测仪器平均分为4组，每组包含3个固定式测斜仪、1个孔隙水压力计和1个土压力计。沿监测区域的中轴线两侧15m和45m的轴线上各设置一条监测断面，共计4个断面。每组间距30m，组内的监测仪器之间相距2.5m。

5.3　工程实例

本项目共有3家矿山企业所属的4个排土场作为试验场地，均建立了排土场灾害监测预警系统，如图5－9所示。此处以锦丰排土场为例，介绍矿山排土场灾害监测预警系统中硬件系统的工程建设情况。

5.3.1　监测区域选择

选择锦丰排土场460m台阶作为布置监测设备的台阶，在460m台阶朝拦渣坝的一面，选择长150m、宽30m，共4500m^2的区域作为监测区域，根据监测方案布置各监测设备。

（1）锦丰　（2）中铝燕垅　（3）中铝石灰石　（4）瓮福

图 5－9　排土场灾害监测预警系统现场（4 个排土场）

5.3.2　监测点布置

根据监测点布置方案合理布置监测设备，包括前端监测仪器、数据采集装置、供电系统、防雷系统，具体布置方案如图 5－10 所示。

（1）GPS 基准站位于排土场东南方向 1km 处的矿区旧炸药库所在平台上。

（2）GPS 监测站布置在监测区域的中轴线上，距边坡约 5m，并在该监测点附近布置雨量计、土壤含水计的监测点。

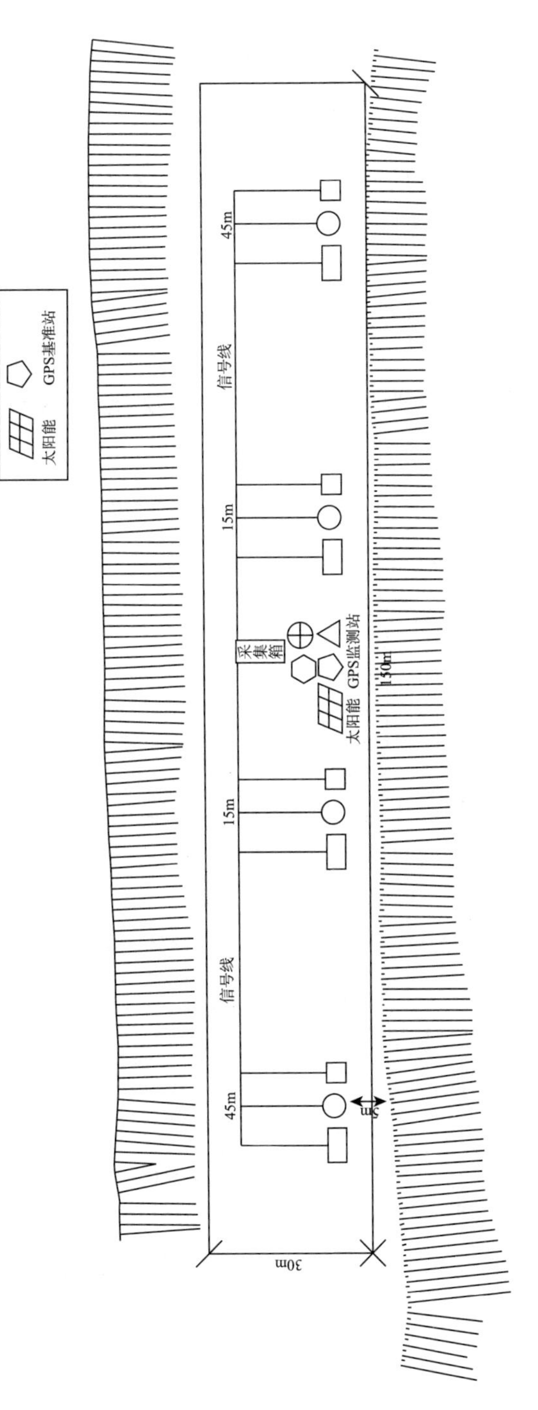

图5－10　锡丰排土场监测点平面布置

（3）沿监测区域的中轴线两侧15m、45m的轴线上各设置一条监测断面，共计4个断面，分别布置4组监测仪器，每组包含3个固定式测斜仪、1个孔隙水压力计和1个土压力计，组内的监测仪器之间相距2.5m。

5.3.3 前端监测仪器施工及安装

锦丰排土场前端监测仪器的选型及指标参数如表5－2所示。

表5－2 锦丰排土场前端监测仪器的选型及指标参数

序号	仪器名称	型号	技术指标	数量	监测指标
1	GPS	E40C	①水平面误差小于3mm，高程误差小于5mm； ②全面兼容北斗系统信号； ③分体式天线、接收机设计； ④平均无故障间隔时间不少于20000小时	2	地表位移
2	固定式测斜仪	MD－CX－30D	①测量范围：±30°； ②测量精度：±0.1%F.S； ③灵敏度：9″； ④耐水压：≥1MPa	12	内部位移
3	翻斗式雨量计	JD－01	①降雨强度：0.1～7mm/min，分辨率：0.1mm； ②误差：一次性降雨≤±0.2mm	1	降雨量
4	孔隙水压力计	VWP－0.3	①测量范围：0～0.3MPa； ②测量精度：±0.1%F.S； ③耐水压：1.2倍测量范围	4	孔隙水压力

续表

序号	仪器名称	型号	技术指标	数量	监测指标
5	土压力计	VWE－0.6	①测量范围：0～0.6MPa； ②测量精度：±0.1%F.S； ③灵敏度：0.30KPa； ④耐水压：1.2倍测量范围	4	内部应力
6	土壤含水计	TS－12V	①测量范围：0～99.9%； ②测量精度：3%F.S； ③分辨率：0.1%F.S； ④耐水压（MPa）：≥1MPa	4	土壤含水量

1. GPS施工及安装

（1）布置方式

结合工程的实际情况，观测墩采用钢筋混凝土方式。埋深要大于冻土层、磷石膏堆积坝表层松动区域，以防土、渣的松动或热胀冷缩。观测墩的外观尽量布置为白色，这样既可以减少太阳照射时引起的温度变形，又容易辨识。

（2）钢筋网笼及墩身土建施工

钢筋应清除表面的铁锈、油渍等，使其表面洁净。钢筋应平直，如局部弯曲度超过标准，应予以矫直后才可使用。混凝土观测墩钢筋笼技术要求如图5－11所示。

观测墩中的竖向钢筋骨架采用直径≥10mm的螺纹钢筋，使用时须在距顶端10cm处，向内弯成“∩”形，足筋下端需在距端头30cm处向外弯成“∟”形。裹筋采用直径≥6mm的普通钢筋，间隔200mm；基座钢筋网片采用单层双向布置方式，相互间隔为200mm，材料选型与竖向钢筋骨架相同。

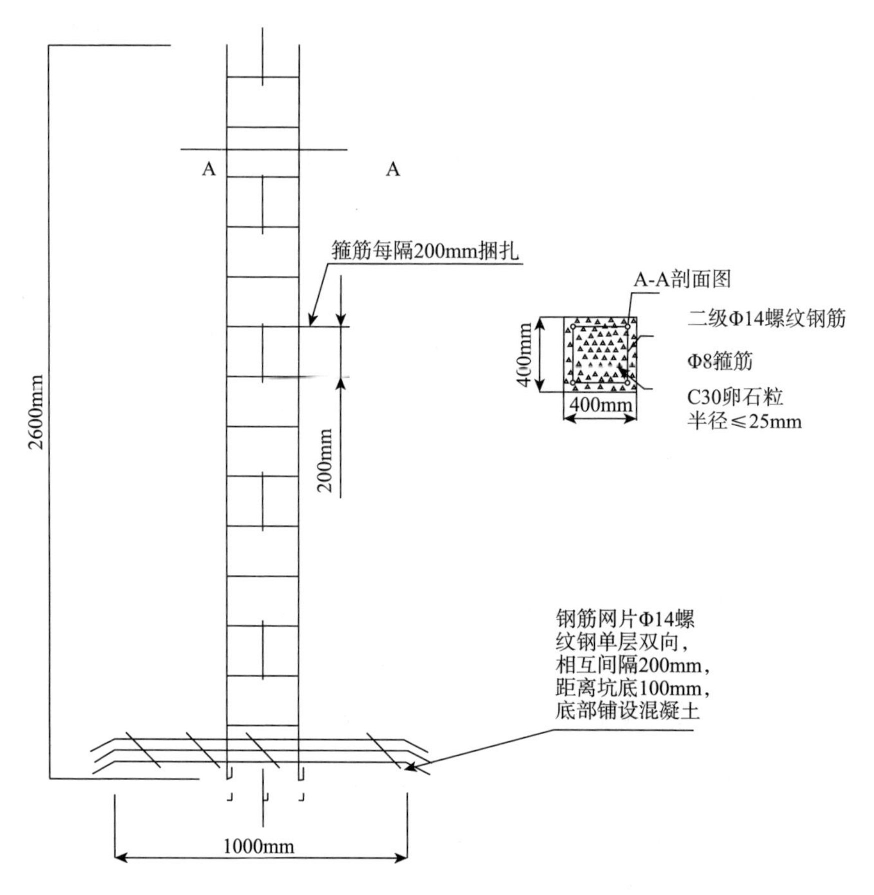

图 5－11　混凝土观测墩钢筋笼技术参数

监测基点和监测点的基坑开挖尺寸为 1.2m×1.2m×1.2m。观测墩墩身露出地面高度不低于 1.5m。

在底座混凝土浇筑不少于 12 个小时后，开始立柱的浇筑施工。搭建好模板（0.4m×0.4m×2.5m）后，将 PVC 预埋管（Φ≥30mm）和预埋防雷接地线（延伸至基座底部以下土层内至少 1m）放入钢筋笼内，还应在预埋管中事先穿好相关电缆。然后，以主筋外混凝土厚度不小于 10cm 为标准固定好模具

(保证预埋管两端至少露出模具之外 10cm 长度)。接着，将底座未浇筑部分浇筑完成（主筋覆盖混凝土厚度宜超过 10cm)。接着，开始浇筑立柱混凝土，浇筑同时注意捣固，浇筑至顶部时，及时将强制对中基座安置于观测墩顶端，并做相关处理。

立柱浇筑结束后及时将无杂质的细腻新鲜土覆盖于基座之上约 15cm。拆模时间可根据气温和外加剂性能决定，但不得少于 12 小时。

2. 固定式测斜仪施工及安装

（1）钻孔

采用工程钻探机钻孔，一般采用 Φ100mm 以上钻头钻孔。

为防止安装时测斜管中有沉淀，测斜孔都需比安装深度深一些。一般每 10m 多钻 0.5m，即 10m + 0.5m = 10.5m，20m + 1m = 21m，以此类推。

由于排土场系松散物质构成，塌孔现象较为严重，推荐采用套管护壁的钻进方法，如图 5 - 12 所示。建议套管长度为 1000mm 左右，也可根据实际情况进行实验后确定套管长度。

（2）清孔

钻头钻到预定位置后，不要立即提钻，需把水泵接到清水里向下灌清水，直至泥浆水变成清水为止，提钻后立即安装测斜管。

（3）安装测斜管

测斜管长度一般为每根 2m，需要一根一根地连接到设计的长度，如图 5 - 13 所示。连接的方法是采用边向孔内插入边

图 5－12 固定式测斜仪套管护壁的钻孔方法

连接的方法，首先将第一根测斜管在没有外接头的一端套上底盖，用三只 M4×10 自攻螺钉拧紧（这是钻孔中安装在底部的一节管子）封口，封口后为防缝隙漏浆，可用土工布裹扎，然后插入孔中慢慢地向下放。放完一节，再向管接头内插入下一节测斜管，必须注意的是一定要插到管子端面相接为止（用自攻螺钉拧紧，接头处为防缝隙漏浆，可用土工布裹扎），按此方法一直连接到设计的长度。当测孔较深，测斜管重量较大时，可用尼龙绳吊住测斜管往下放。若孔内有水，测斜管向上浮放不下去时，应向测斜管内注入清水，边下放边注水。

当测斜管长度安装到位后，需要调正凹槽的方向，先把最后一节测斜管上的接头取下，看清管内凹槽方向，把管子向上

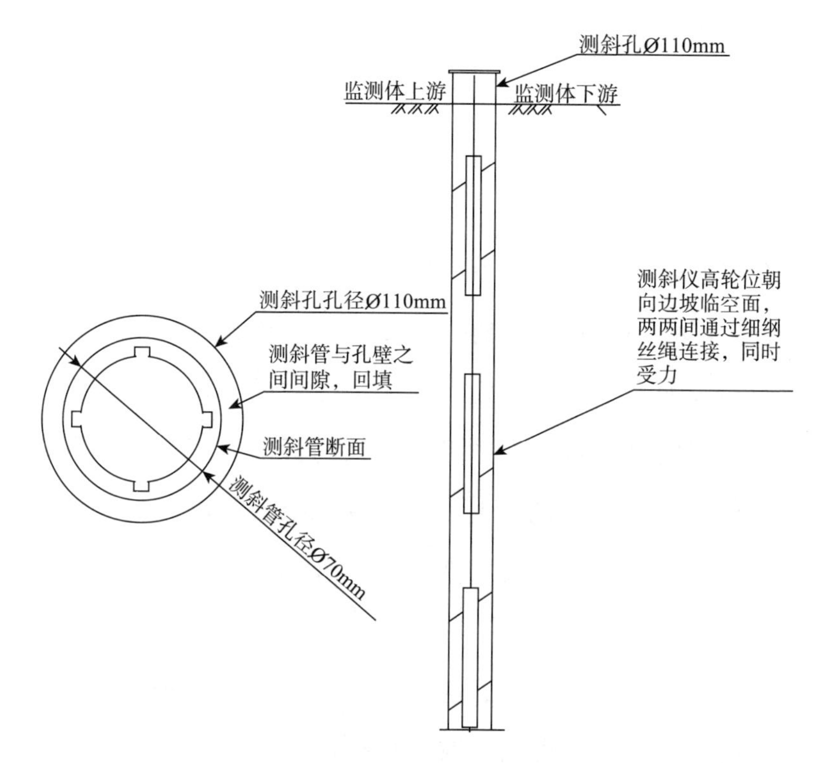

图 5－13　固定式测斜仪安装示意

提起少许，转动测斜管，使测斜管内的一对凹槽垂直于测量面。一人提不动时，可多人协助，对准后再缓慢放下，开始回填。

测斜管安装合格后应回填测斜管与孔壁之间的空隙，使测斜管与周边有机结合。回填时用手扶正测斜管，不断向测斜管内注入清水，注满并保持满管清水，以防回填时浆液渗入测斜管内。回填的原料视钻孔性质确定。岩石钻孔用水泥沙浆或纯水泥浆回填，土中钻孔可用中粗砂或原状土、膨胀泥球等回填。一边回填一边轻轻摇动管子，使之填实。回填速度不能太快，以免塞孔后回填料下不去形成空隙。填满后盖上管盖，用自攻螺丝上紧。24 小时后再去检查，回填料若有下沉再补充填满。

（4）安装测斜仪

在安装好的测斜管内先用活动测斜仪试放一遍，确认与设计一致方可。每只测斜仪的传感器与安装附件连接完好，传感器的两端各配有一只严格处于同一平面内的导向定位机构。单只传感器使用时测斜仪为一组装完整的标准测斜仪，两导轮之间的间距即为测斜仪的“标距”。多只传感器串联使用时，需将单只传感器分别用连接配件于安装现场连接固定可靠，此时每只测斜仪的导向轮处于同一平面内。把不同深度的连接杆和测头按顺序连接放入，注意滚轮的方向和供电电缆编号，做好记录，逐一确认后方可固定或封堵孔口。

（5）施工孔口保护装置

将露出地表的测斜管截至地表以上 10cm，在测斜管周边浇灌 40cm × 40cm × 30cm 混凝土槽，并预埋穿线管，浇灌 40cm × 40cm × 5cm 的水泥盖板保护孔口，如图 5－14 所示。

3. 翻斗式雨量计施工及安装

（1）雨量计观测墩施工

现场布设一个雨量计观测墩，位置定于中轴线处 GPS 观测墩附近，如图 5－15 所示。

将已做好的底座钢筋网（1m × 1m）放置于坑底，并将已做好的底座钢筋笼（30cm × 30cm × 170cm）放置底座中央，然

图 5－14 孔口保护装置施工

后用扎丝扎接至底部钢筋网上，并向坑底浇筑混凝土，浇筑混凝土同时注意捣固，以防出现孔隙。浇筑约 0.3m 厚度，留出底座上表面钢筋（用于固定立柱钢筋笼），并用水平尺严格整平底座上表面。

在底座混凝土浇筑不少于 12 小时后，开始立柱的浇筑施工。搭建好模板（40cm×40cm×170cm）后，首先将 PVC 预埋管（Φ≥3cm）和预埋防雷接地线（延伸至基座底部以下土层内至少 1m）放入钢筋笼内，还应在预埋管中事先穿好相关电缆。然后，以主筋外混凝土厚度不小于 10cm 为标准固定好模具（保证预埋管两端至少露出模具之外 10cm 长度）。然后，将底座未浇筑部分浇筑完成（主筋覆盖混凝土厚度宜超过 10cm）。然后，开始浇筑立柱混凝土。

立柱浇筑结束后及时将无杂质的细腻新鲜土覆盖于基座之上约 15cm（保证凝固同时便于拆模）。以此标准完成所有立柱浇筑工作。拆模时间可根据气温和外加剂性能决定，一般条件下，平均气温在 0℃ 以上时，拆模时间不得少于 12

小时。

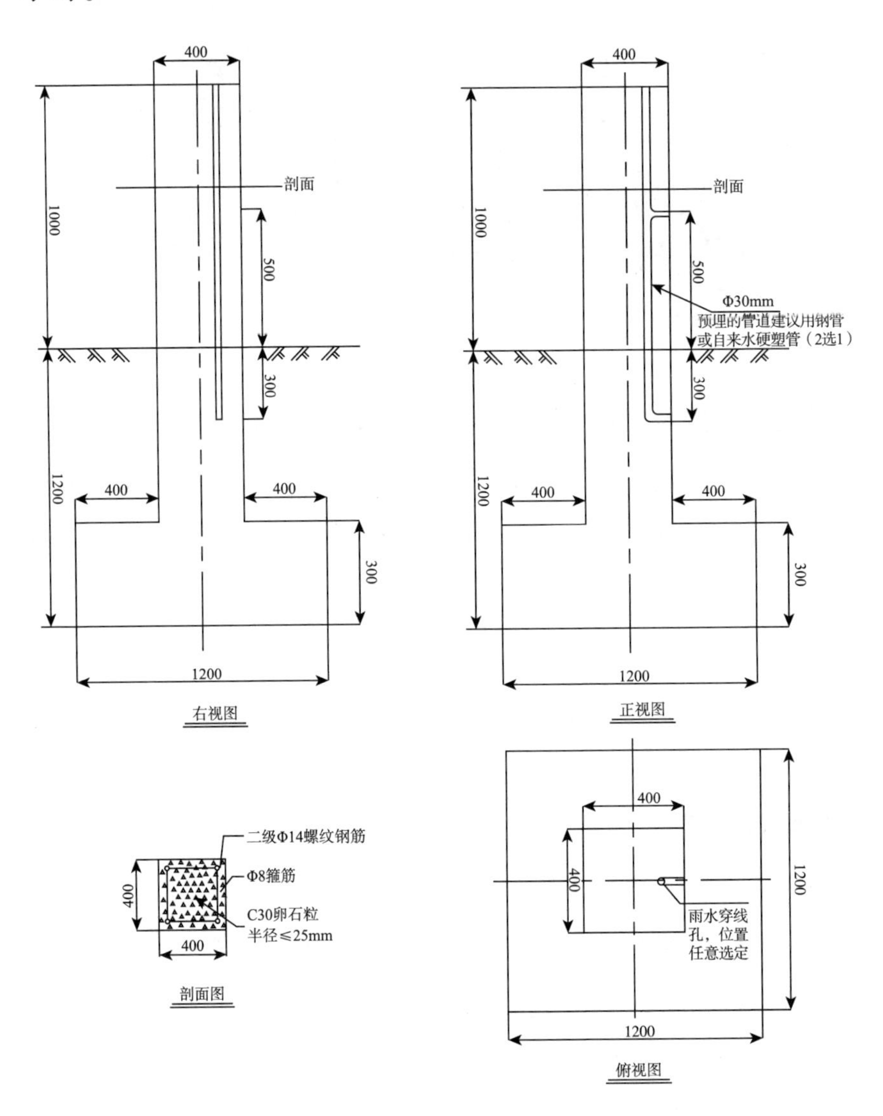

图 5-15 雨量计混凝土观测墩（单位：mm）

（2）雨量计安装

雨量计采用膨胀螺栓三角点固定的方式，安装前对传感器进行初步校准测试，底部要求不少于100mm的混凝土固定，避免风对设备造成损坏，信号电缆需穿屏蔽管进行保护，如图5－16所示。

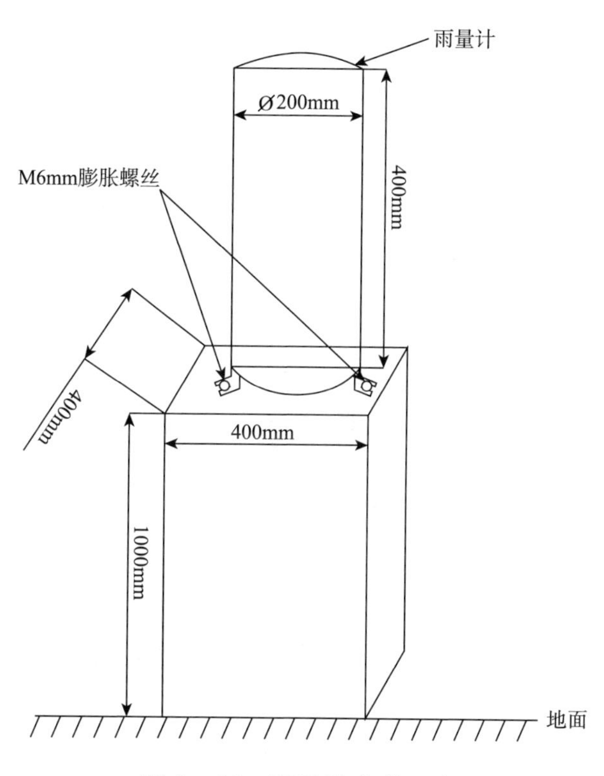

图5－16　雨量计安装示意

4. 孔隙水压力计

（1）钻孔

采用工程钻机，Φ100mm以上的钻头钻孔，孔深30m。严禁泥浆固壁，如遇到塌孔，可采用套管护壁，建议套管长度为1000mm左右。

（2）制作测压管

测压管分为非反滤料段（即不需要监视渗透的孔段）和透水段，推荐使用镀锌钢管，管接头应用外箍接头。

透水段为 Ø6mm 的透水孔呈八排交错排列，纵向孔距100mm，横向孔距 20 ~ 30mm（4 排），管内壁的钻孔应去毛刺。透水段使用无纺短纤针刺土工布（$400g/m^2$）包扎，包扎用的尼龙绳垂直间距 100mm，绑扎角度为 15°。

测压管底部应用铁板点焊封底，如图 5 – 17 所示。

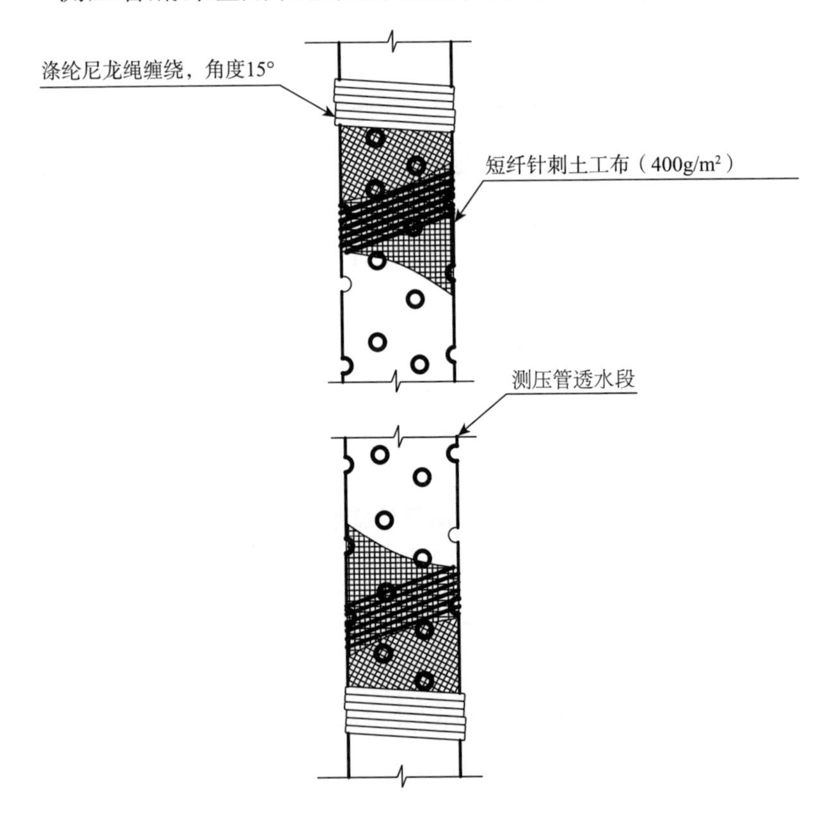

图 5 – 17　测压管透水段

（3）安装及封孔

安装前在孔底灌注250mm厚度的混凝土打底，待其凝固后下放制作好的测压管。

先用反滤料（中砂）回填透水段封孔，然后回填不需要监视渗透的孔段（即非反滤料段），以防降水等干扰，必要时需在管外叠套橡皮圈或油毛毡圈2~3层，管周再填封孔料，以防水压力串通。

非反滤料段封孔材料宜采用膨润土球或高崩解性黏土球。要求在钻孔中潮解后的渗透系数小于周围土体的渗透系数。土球应由直径5~10mm的不同粒径组成，应风干，不宜日晒、烘烤。

封孔时需逐粒投入孔内，必要时可掺入10%~20%的同质土料，并逐层捣实。切忌大批量倾倒，以防架空。管口下1~2m应用夯实法回填黏土（或水泥黏土浆），防止雨水从管口进入测压管。封至设计高程后，向管内注水，至水面超过泥球段顶面，使泥球崩解膨胀。

封孔完成后，测压管的管口高程、管底高程和位置坐标（桩号、距坝轴线距离）均需测量准确，记入考证表。用钢丝绳吊拉孔隙水压力计至孔底即可，如图5-18所示。

（4）孔口保护装置

将露出地表的测压管截至地表以上10cm，在管周边浇灌40cm×40cm×30cm混凝土槽，并预埋穿线管，浇灌40cm×40cm×5cm的水泥盖板保护孔口。

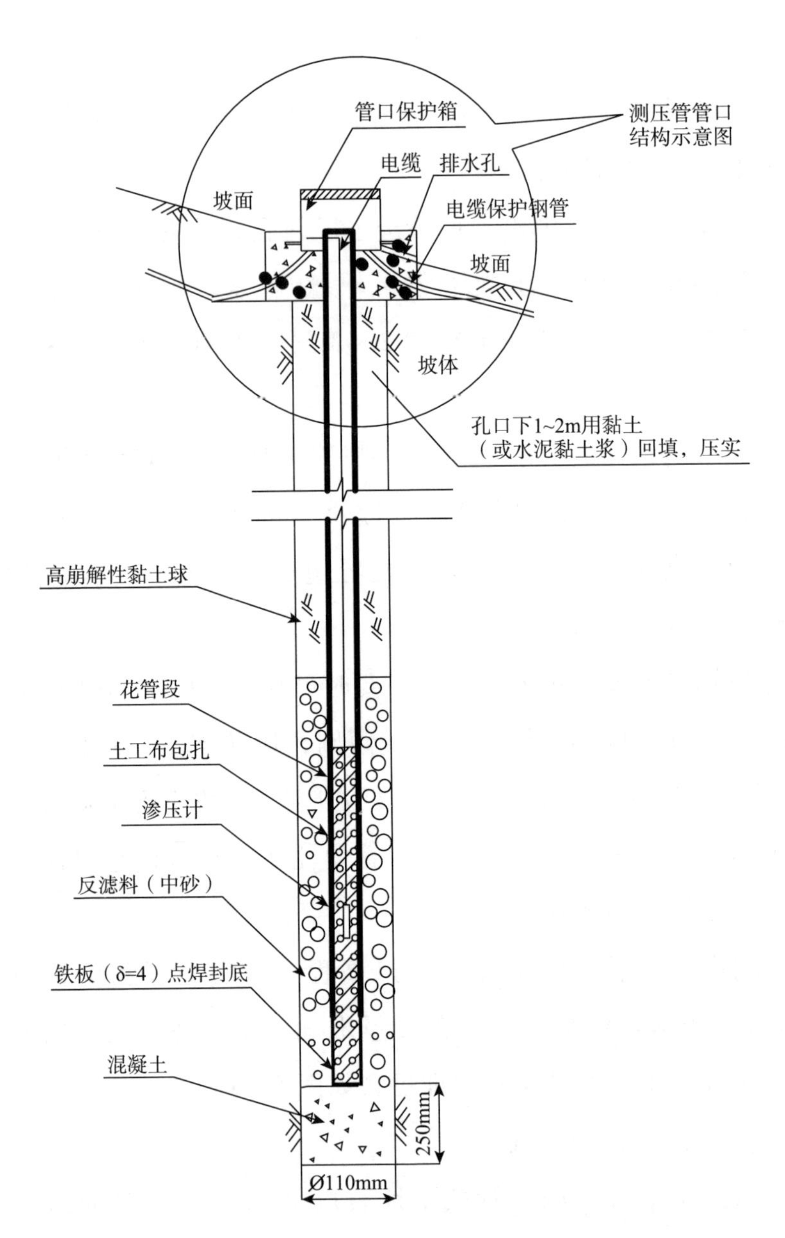
管口保护箱
测压管管口
结构示意图
电缆
排水孔
坡面
电缆保护钢管
坡面
坡体
孔口下1~2m用黏土
（或水泥黏土浆）回填，压实
高崩解性黏土球
花管段
土工布包扎
渗压计
反滤料（中砂）
铁板（δ=4）点焊封底
混凝土
250mm
Ø110mm

图 5－18 测压管结构

5. 土压力计

（1）钻孔

采用工程钻探机钻孔，一般采用Φ200mm以上钻头，孔深根据监测需要确定。

由于排土场系松散物质构成，塌孔现象较为严重，推荐采用套管护壁的钻进方法，建议套管长度为1000mm左右，也可根据实际情况进行实验后确定套管长度。

（2）土压力计预制件制作

由于在钻孔内无法做到水平安装土压力计，使用以下方法制作土压力计预制件，以便于安装（方法不限于此，此方法仅供参考），如图5－19所示。截取孔径为Φ180mm，长度为600mm的PVC管，将整个PVC管内用混凝土填实，并将土压力计放置其中一端（背板与混凝土接触），做好吊拉穿线。待整体凝固后，可将其直接吊入孔内，如图5－20所示。

（3）设备安装

在打孔打至设计深度时，孔内底部用混凝土固实，具体固实深度以现场实际施工情况为准，原则上最低不小于1m。

放入土压力计预制件吊拉至固实平面，孔口用横杆固定吊拉，使土压力计感应板朝上，无须套管，待整体凝固后，向孔内回填土至与地表平齐即可。

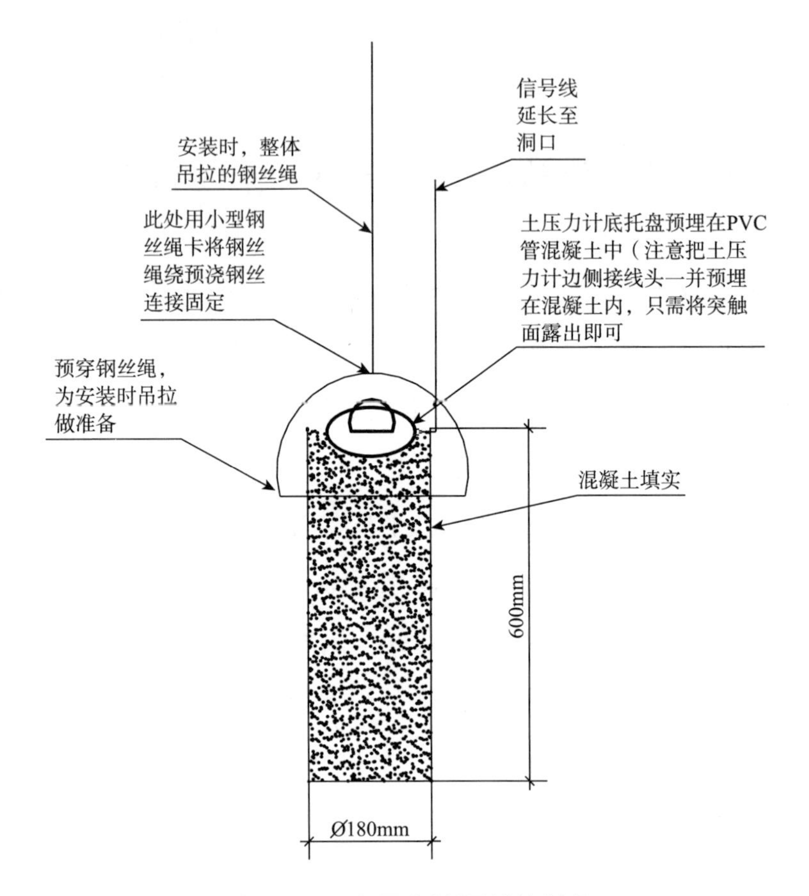

图 5－19　土压力计预制件制作

图 5－20　土压力计预制件

6. 土壤含水计

（1）开挖监测坑

在需要监测的区域开挖监测坑，尺寸为1m×0.5m×1.2m。

（2）设备安装

在监测坑侧壁安装4支土壤含水计，每隔30cm布设一个，安装完成后回填土至与地表平齐。如图5－21所示。

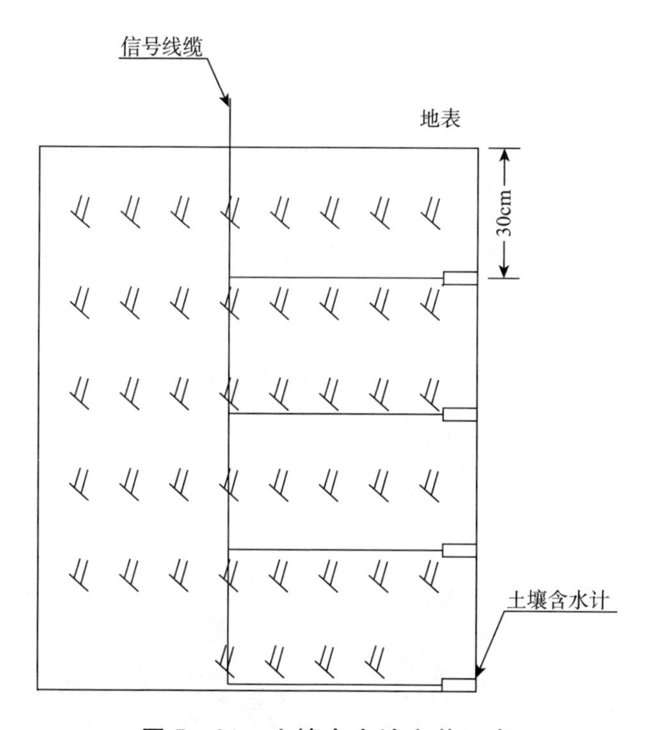

图5－21　土壤含水计安装示意

5.3.4　数据采集装置安装

1. 数据采集装置配置

数据采集装置包括GPS接收机2个，DAG数据采集网关3

个，具体配置如表 5－3 所示。

表 5－3　数据采集装置配置

序号	数据采集装置名称	采集的对象
1	GPS 监测站接收机	监测站 GPS
2	GPS 基准站接收机	基准站 GPS
3	DAG1	12 个固定式测斜仪
4	DAG2	1 个翻斗式雨量计、4 个土壤含水计
5	DAG3	4 个孔隙水压力计、4 个土压力计

2. 数据采集装置安装

GPS 接收机分别安装在 GPS 观测墩上的金属机柜内，DAG 数据采集网关统一安装在数据采集箱内，如图 5－22 所示。

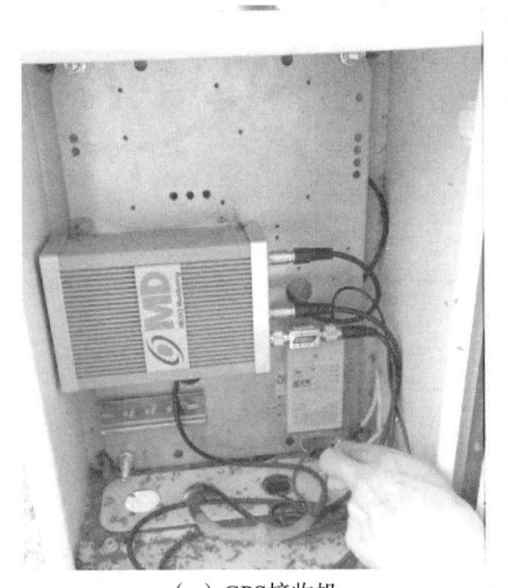

（a）GPS接收机

（b）DAG数据采集网关

图 5－22　数据采集装置安装

5.3.5　数据传输网络组建

锦丰排土场现场数据传输采用无线传输的形式，数据采集装置通过 GPRS 通信模块将采集到的监测数据通过移动通信网络传输至监测预警中心。

由于传输的数据为全文本数据，数据量较小，GPRS 通信模块内使用数据流量卡（SIM 卡）传输数据，共配置 5 张数据流量卡，具体配置如表 5-4。

表 5-4　数据流量卡配置

序号	数据采集装置名称	流量卡卡号	流量卡大小	流量卡数量
1	GPS 监测站接收机	14785478537	3G	1 张
2	GPS 基准站接收机	14785083415	3G	1 张
3	DAG1	14785433721	1G	1 张
4	DAG2	14785408071	1G	1 张
5	DAG3	14785425251	1G	1 张

5.3.6　监测预警中心建立

锦丰排土场的监测预警中心建在其健康与环保部办公室内，对传输来的监测数据进行存储、分析，进而进行预警，主要由服务器、显示器、短信报警模块、声光报警装置等硬件设备和监测预警软件组成，如图 5-23 所示。

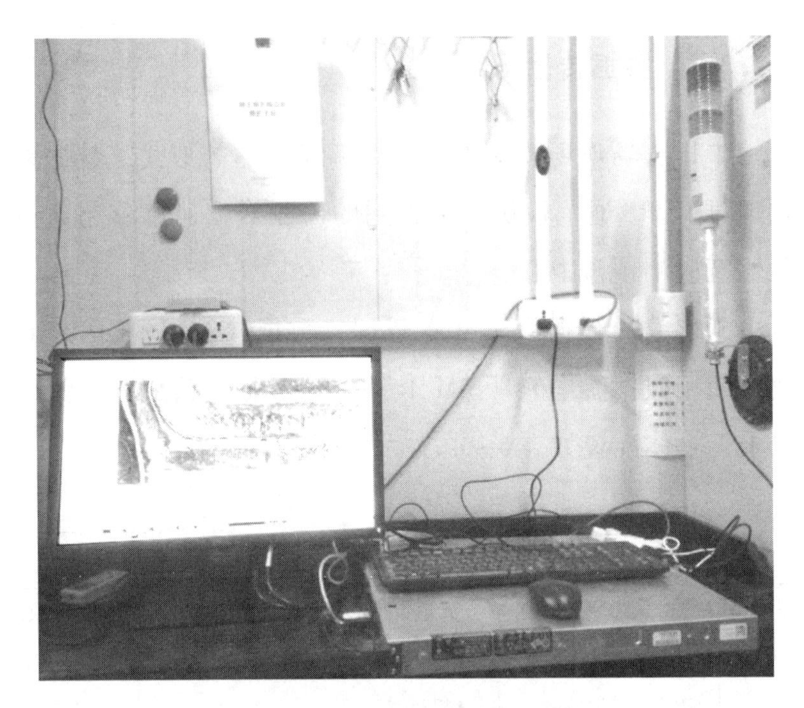

图 5-23 锦丰排土场监测预警中心

5.3.7 供电系统施工

锦丰排土场现场不具备市电供电条件，采用太阳能供电，均建在 GPS 观测墩附近，分别给 GPS 基准站及现场监测区域的设备各配置了一套太阳能供电系统。太阳能供电系统由太阳能电池板、太阳能控制器、蓄电池等组成。

1. 系统容量计算

GPS 监测站所在监测区域的设备负载平均功率约为 6W，每天 24 小时不间断运行，则平均每天消耗 144Wh，按 15 天时间续航计算，蓄电池保留 20% 的电池保护余量，则蓄电池所需容量为2700Wh，系统工作电压12V，蓄电池容量为225Ah。考虑贵州冬季阴雨天气较多，选择300Ah的蓄电池，对应太阳能电池板选择300W。

GPS基准站设备较少，负载平均功率约为2W，计算出蓄电池容量为75Ah，则GPS基准站选择100Ah的蓄电池，100W的太阳能电池板。

2. 蓄电池安装

蓄电池放置在地埋箱内，放入之前挖好的坑里，进行适当的调整，使之处于水平状态，如图5-24所示。

图5-24　蓄电池安装

3. 太阳能电池板安装

太阳能电池板安装位置选择日照无遮挡区域，且朝向为正南，配合支架安装，如图5-25所示。

图 5-25 太阳能电池板安装

5.3.8 防雷系统施工

排土场监测预警系统现场采用避雷针进行直击雷电防护，使用单项电源避雷器、通信电缆防雷器实现对感应雷电的防护。

1. 直接雷电防护

直击雷电防护采用避雷针，设置在 GPS 观测墩附近，横向距离不小于 3m，避雷针高度 1.8m，雷电通流容量 200Ka，电阻 $\leqslant 1\Omega$，如图 5-26 所示。

2. 感应雷电防护

（1）电源防雷保护

采用金属机柜屏蔽感应雷，放置 GPS 接收机及 DAC 数据采集网关等设备的均为金属机柜。

图 5 – 26　避雷针

（2）通信线路防雷保护

在通信线路两端分别加装防雷器，一个防雷器靠近传感器，避免由感应雷造成的电流对传感器的损害，另一个防雷器尽量靠近数据处理设备。防雷器如图 5 – 27 所示。

图 5 – 27　通信线路防雷器

防雷器的接地端与避雷网连接，连接处采用涂抹防锈漆等手段保证导电，接地电阻不大于 4Ω。

3. 接地网施工

接地网建设在 GPS 观测墩附近，挖设深度为 0.3m，边长为 30m 的田字形坑槽，铺设 40cm × 4cm 的热镀锌扁铁，并焊接成一个田字型避雷网，在避雷网的上部覆盖降阻剂，以保证接地体的导电性，从而降低接地电阻的阻值。通过引一根 $16mm^2$ 的多股铜线至避雷针固定处，形成直击雷避雷网，保证直击雷避雷接地系统控制在 10Ω 以下；引一根 $6mm^2$ 单芯铜线至供电箱，形成感应雷避雷网，保证感应雷避雷接地系统控制在 4Ω 以下，如图 5 - 28 所示。

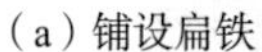

(a) 铺设扁铁

(b) 撒降阻剂

图 5 - 28 接地网施工

第六章　矿山排土场灾害监测预警系统软件的开发

为了实时、准确地获取排土场监测数据，并根据排土场灾害预警准则及时做出预警，本项目开发了矿山排土场灾害监测预警管理系统软件。

6.1　开发目的及原则

6.1.1　开发目的

矿山排土场是一种巨型人工松散堆积体，其内在结构和外部环境条件都十分复杂，在降雨等外界因素影响下容易发生滑坡、泥石流等灾害。同时，排土场边坡的岩土工程具有内在的复杂性和不确定性。矿山排土场滑坡和泥石流灾害不仅直接影响矿山的安全生产与经济效益，还会危及下游的铁路和农田，关系到矿区周边居民的生命财产安全，必须实施有效的监测、预警和安全管理。因此，建立一套监测指标全面（位移、应力、应变、降雨量、地下水位等）和预警指标科学合理（针对不同类型、不同物理力学性质的排土场预警阈值不同）的排土场灾害监测预警系统，综合分析排土场安全状态，对排土场灾害进行预警是十分有必要的。

贵州矿山排土场灾害预警管理系统分布在一个中心和四个排土场企业，排土场企业需要一套灾害监测预警系统为企业管理人员服务。监测中心需要掌握四个排土场企业的灾害监测预警信息，及时指导每个排土场的灾害监测预警工作。

6.1.2 开发原则

根据系统需求，该系统的开发原则包括可靠性、先进性、经济性、标准化、可扩展性原则。

1. 可靠性

（1）软件系统能够适应不同网络和服务器配置环境。

（2）数据传输能够适应不同网络环境的变化。

（3）预警信息准确到位。

2. 先进性

（1）网络传输采用 Socket 技术和多线程技术，实现分布式系统数据传输和存储。

（2）基于信息管理和实时监测预警的多类功能要求，本监测预警管理系统采用 B/S 和 C/S 的混合架构方式。既能够达到分布式实时监控目的，又能够通过 Web 服务器为授权用户提供远程访问。

（3）采用数字地图和数据库融合技术，实现排土场地图定位与数据展示。

（4）采用数据可视化技术和HTML5标准，实现监测数据变化趋势和动态可视化展示。

3. 经济性

（1）排土场监测管理服务器和报警设备，在保证可靠性的前提下，应尽量控制价格和数量，方便用户购买。

（2）排土场监测预警软件的终端访问系统，可以利用通用的个人计算机和常规的上网方式，减轻用户的负担。

4. 标准化

坚持开放性标准化设计，遵循国标设计。系统设计中，采用开放式的体系结构，注重应用开发，同时要使网络易于互连，便于模块的不同组合和调整。尽可能采用国家标准，暂无国家标准的，使用行业标准。

5. 可扩展性

（1）监测预警管理系统能够方便地进行软件升级，保证用户投资。

（2）对于不同的排土场监测点，其传感器设备的安装数量和方位不尽相同。监测预警管理系统能够适应这种变化，通过软件配置功能，可以方便灵活地进行扩充或调整。

（3）通过软件配置和升级方式，监控中心软件能够扩展更多的排土场监测信息。

6.2 软件结构设计

根据软件系统的需求，首先进行软件的结构设计。

6.2.1 运行环境

1. 硬件平台

本系统的硬件平台主要分为三类。

（1）服务器：分别运行数据远传系统、预警管控系统、排土场监测预警管理系统。要求最低配置，具备多核、32GB 内存、1TB 硬盘、千兆网卡等基本条件。

（2）短信报警和声光报警设备：方便与服务器接口（串口或 USB 口等）。

（3）客户机：只要具备常规配置，如 Intel CPU 2.0G、1G 内存、剩余硬盘空间 1G 以上、千兆网卡、显示器分辨率达到 1024×768 及以上。

2. 软件平台

服务器：数据库服务器和 Web 服务器都基于 Windows Server 2008 企业版。数据库管理系统采用 SQL Server 2008 版。

客户机：操作系统为 Windows XP 或 Windows 7。

开发环境：主要的软件开发工具为 Microsoft Visual Studio 2013，主要编程语言是 C#。

3. 网络拓扑结构

本监测预警管理系统由一个监测中心、多个排土场监测预警系统及数据远程管控系统设备组成，如图 6－1 所示。

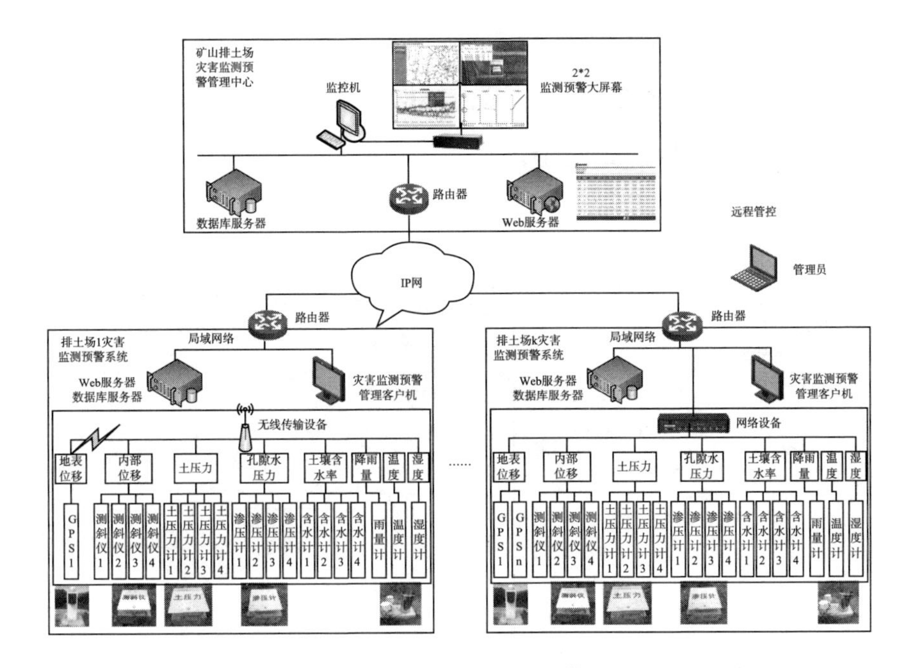

图 6－1 矿山排土场灾害监测预警网络拓扑结构

6.2.2 软件结构设计

1. 总体软件架构设计

一方面，本系统的监测数据和预警计算结果，需要向企业内外的管理者发布，访问者不受场地和设备限制，因此需要采用浏览器/服务器软件结构，即 B/S 结构。

另一方面，数据远传系统需要安装在实时计算服务器上，将现场数据集从数据库服务器的 MySQL 数据库中提取后，写入监测数据库中。这个工作半小时自动完成一次。同时，监测预警的计算程序，也需要安装在这个服务器上，必须通过定时器不断反复测算，并将计算结果保存在数据库中，这种工作追求的是实时性，反映了客户机/服务器特点。

可见，本系统必须采用混合结构方式，将 B/S 与 C/S 有机结合起来。如图 6 – 2 所示。

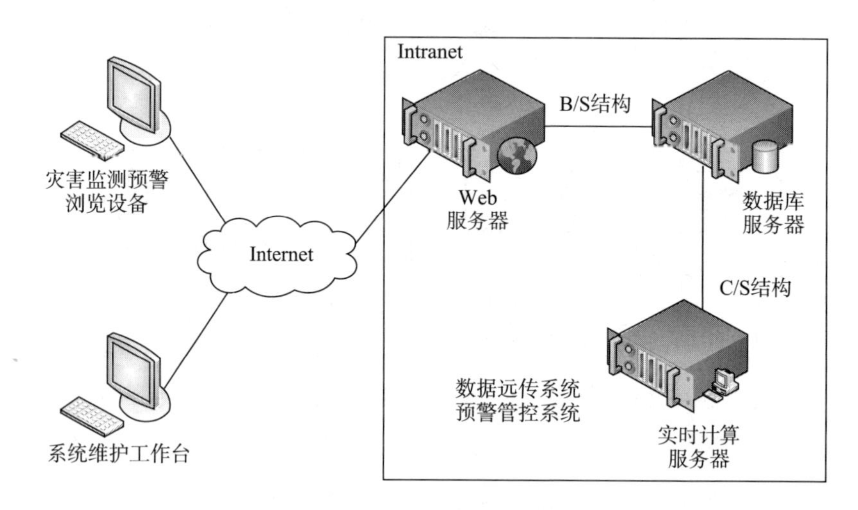

图 6 – 2　基于 B/S 与 C/S 的混合软件架构设计

下面从组件方式描述出发，具体分析 4 个排土场灾害监测预警管理系统和贵州省排土场灾害监测预警管理中心的软件架构。

2. 管理系统软件架构

从组件角度划分，排土场灾害监测预警管理系统软件架构如图 6 – 3 所示，包括：逻辑校验、业务逻辑、数据接口和数据源共 4 类组件。

（1）逻辑校验：用户通过人机界面输入校验信息，包括用户名和密码，由系统校验通过后，进入不同的业务逻辑环境。另外，软件系统管理和个人设置组件也在此列。

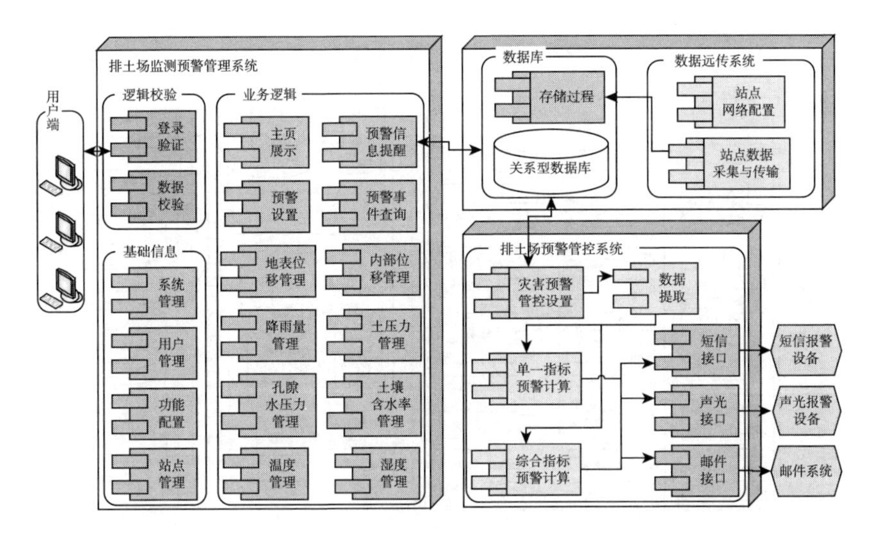

图6－3　排土场灾害监测预警管理系统软件架构

（2）业务逻辑：围绕灾害监测预警数据处理和事件发布等业务组件。

（3）数据接口：主要是报警用的接口管理。

（4）数据源：需要访问的数据对象，是经过抽取后的数据。

3. 管理中心软件架构

从组件角度划分，软件架构如图6－4所示，包括三大部分：贵州矿山排土场监测预警管理中心、数据远传系统和数据库。

（1）管理中心：包括逻辑校验、系统管理、业务管理三方面。

（2）数据远传系统：负责将四个排土场企业的监测预警数据汇总到中心，并保存到业务数据库中。

（3）数据库：存储矿山排土场监测预警数据。

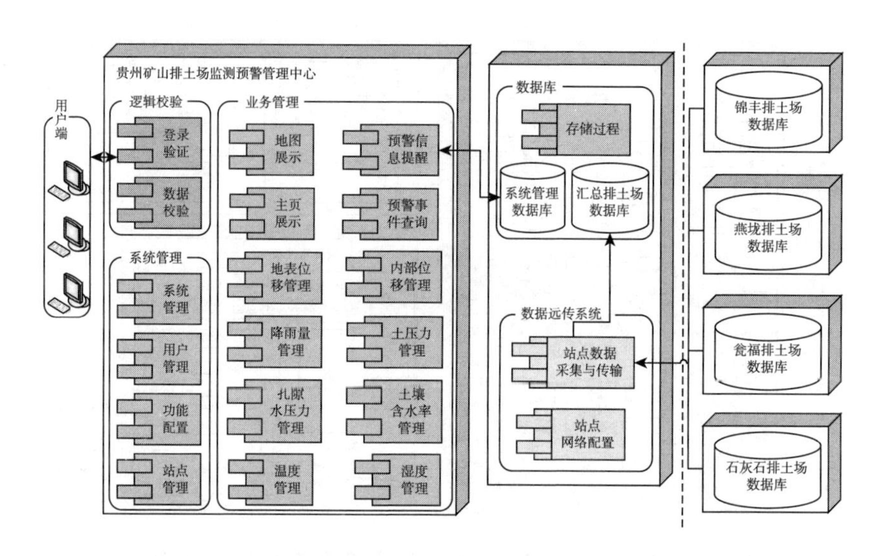

图 6－4 排土场灾害监测预警管理中心软件架构

6.2.3 关键技术

1. 并行数据远传技术

四个分布排土场的站点数据集，如何实时采集并存储到中心数据库？基本方法主要有轮询技术、事件中断技术和多线程技术。轮询技术的时间周期便于控制，事件中断技术因抢占CPU资源，会影响并行效果。多线程技术能够并行访问，线程之间相互独立，但在写入数据库时，仍然会面临数据库连接重用问题。因此，本系统采用轮询技术。

2. B/S和C/S混合结构技术

为了实现在排土场现场进行灾害监测与预警管理，需要相应的软件不间断地运行和判断，不管是否有人访问。预警管理采用了主动方式，一旦计算结果超过了设定的阈值，将以短信发送和声光提醒方式向用户和管理员进行报警。这种管理方式必须是 C/S 结构的。

与此同时，由于管理人员和管理层次多样，地理上比较分散。为了便于管理和维护，就需要采用 B/S 结构来实现远程随时随地的访问，不受主机和地理的限制。

混合结构的核心是数据库的安全访问和用户授权，对权限配置和网络安全管理的要求比较高。同时，由于 B/S 和 C/S 结构的开发方式不同，软件开发的工作量也加大。

3. 站点地图显示技术

在监测管理中心，需要显示多个排土场的地理分布，且以此为入口进入具体的排土场管理范围。因此，要针对站点地图进行软件开发。从成熟度和二次开发接口等考虑，选用百度数字地图作为地图组件，通过 JS 和 HTML 技术完成接口软件开发。

4. 监测预警数据可视化技术

基于 Ajax、JS 和 HTML 技术，将抽取数据和计算结果实时传递给网页，实现灾害监测预警结果的快速转换。

同时，基于可视化组件 Echarts 和 JS 编程技术，实现多维度动态展示和人机界面呈现。

6.2.4 预警方式

1. 单一预警的判定

单一预警指标有 3 个：表面位移、内部位移、降雨量。

(1) 表面位移用 GPS 监测，对每一个 GPS 的监测值进行预警判断，只要达到预警标准即发出预警。

（2）内部位移采用测斜仪测定，一个边坡有 4 组，每组有 3 个内部测斜仪，对 12 个监测值均进行预警判断，只要达到预警标准即发出预警。

（3）降雨量采用雨量计测定，一个边坡只有 1 个雨量计，单一值预警。

2. 综合预警的判定

综合预警指标有 10 个主指标，2 个修正指标。其中物料黏聚力、物料内摩擦角、台阶高度、平台宽度、地震烈度只有单一值，降雨量也只有 1 个仪器 1 个值，其他指标都可能有多个值。预警准则如下：

（1）按照监测仪器的安装设计，将 150m × 30m 边坡分为 4 组仪器监测，因此在同一时刻进行 4 组综合预警；

（2）地表位移值取本组区域内的 GPS 值，如本组区域有多个 GPS，则取平均值，本组区域外的 GPS 不用考虑；

（3）内部位移取本组中 3 个测斜仪的平均值；

（4）孔隙水压力和内部应力取本组 1 个仪器的值；

（5）综合预警修正指标包括土壤含水量、下游人员及财产情况。

3. 预警指标的判定标准

对于不同的排土场，预警指标的判定标准不尽相同。对同一个排土场来说，不同的排土场边坡或者同一个排土场边坡在不同的时期，其预警指标的判定标准也可能不同。表 6 - 1 为目前锦丰排土场预警指标的判定标准。随着情况变化，系统管理员可以调整预警指标的判定标准。

表 6－1　预警指标的判定标准（以锦丰排土场为例）

序号	预警指标	红	橙	黄	蓝	无警
1	地表位移（mm）	＞100	(70，100]	(50，70]	(30，50]	≤30
2	内部位移（mm）	＞80	(50，80]	(30，50]	(20，30]	≤20
3	降雨量（mm）	＞120	(90，120]	(40，90]	(20，40]	≤20
4	黏聚力（kPa）	＜10	[10，15)	[15，25)	[25，40)	≥40
5	内摩擦角（°）	＜20	[20，25)	[25，30)	[30，35)	≥35
6	台阶高度（m）	＞50	(40，50]	(30，40]	(20，30]	≤20
7	平台宽度（m）	＜5	[5，10)	[10，15)	[15，20)	≥20
8	孔隙水压力（kPa）	＞6	(5，6]	(4，5]	(3，4]	≤3
9	内部应力（kPa）	＞50	(40，50]	(30，40]	(25，30]	≤25
10	地震烈度	＞8	(7，8]	(6，7]	(4，6]	≤4
11	土壤含水量（%）	当含水率≥20%时，预警等级增加一个等级				
12	下游人员及财产情况	可能造成1人及以上死亡或财产损失100万元及以上时，预警等级增加一个等级				

表6－2是4个矿山排土场灾害监测预警基础信息表。

表 6－2　排土场预警基础信息

序号	排土场名称	预警基础信息				
		平台高度（m）	平台宽度（m）	地震烈度（度）	黏聚力（kPa）	内摩擦角（°）
1	燕垅排土场	30	90	＜6	84	16.687
2	石灰石矿排土场	30	30	＜6	71	5.562

续表

序号	排土场名称	预警基础信息				
		平台高度（m）	平台宽度（m）	地震烈度（度）	黏聚力（kPa）	内摩擦角（°）
3	翁章沟排土场	1190 台阶：120 1160 台阶：90 1130 台阶：60 1100 台阶：30	1190 台阶：20 1160 台阶：20 1130 台阶：40 1100 台阶：20	6	111	29.595
4	锦丰排土场	160	24	6	134	28.947

6.3 数据库设计

数据库设计包括数据库概念设计模型和详细设计模型，具体包括采用建模工具设计所有远程监测预警业务模块的实体－关系（E－R）模型，并且给出相应的数据设计表格。

6.3.1 总体设计思路

本系统的数据源有两部分：

（1）现场实时数据，来自矿山排土场灾害监测数据库，需要通过专用数据接口进行实时在线获取。在设定监测周期（如30分钟）内，完成数据获取和追加存储任务；

（2）管理数据，来自各层次的管理员负责的数据，如管理者信息、监测点基本信息、设备基本信息、预警参数、预警模型等。

本数据库总体设计思路如下。

（1）实现企业级存储。数据库的存储依赖于企业，企业之间相互独立。因此，在数据集成方面，企业外的管理者是按不同工程项目进行分库访问，本项目不存在集中存储概念。在最高层，允许管理者完成多个工程项目数据的统计任务。在今后的扩展项目中，可以通过抽取企业级数据，形成地市级或行业级数据库，实现异地备份和大数据管理。

（2）面向同类企业，考虑通用性设计。本数据库面向矿山排土场灾害监测，抽取共性内容，兼顾企业个性内容，使数据库表结构的适应性更强。

（3）数据库安全设计，包括安全存储和安全访问，要防范因外网远程访问而引入的网络攻击。

6.3.2　数据库模型设计

采用实体－关系（E－R）模型来描述数据库的概念设计。

具体分为传感器与预警系统数据库、系统管理数据库。其中，传感器与预警系统数据库包括：监测排土场传感器信息表、各传感器数据表、预警设定表、单一预警表、综合预警表、应急措施表等。系统管理数据库包括：用户管理、站点信息管理、用户单位管理等。

1. 系统管理数据库的概念设计

该模块为管理员使用，包括管理员信息、功能和角色分配、测点企业基本信息、测点传感器信息、预警参数设置信息，如图6－5。

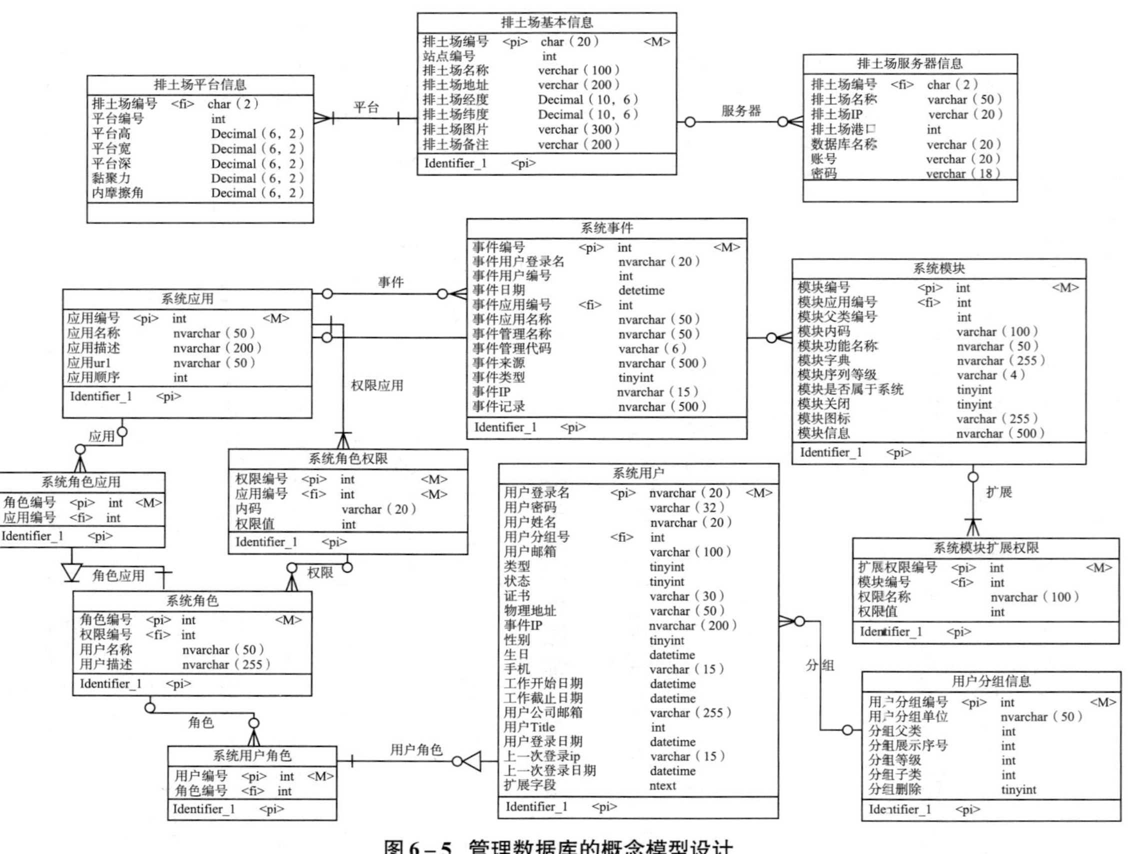

图 6－5 管理数据库的概念模型设计

使用者分为三级：

（1）企业用户，能够通过 Internet 查看各类监测数据及其变化趋势，也能浏览预警界面和在线帮助；

（2）业务管理员：除了具有企业用户权限外，还能够设定预警权限、管理测定信息和传感器配置信息；

（3）系统管理员：拥有最大权限。除了具有业务管理员权限外，还具有设定管理权限、系统参数和数据备份操作，其权限涵盖本企业系统全部功能。

2. 监测预警数据库的概念设计

在完成系统管理和排土场基本信息管理设置之后，就可以启动数据远传系统，开始获取排土场所有监测点的实时数据。监测预警数据库的 E－R 模型如图 6－6 所示。

6.3.3　监测预警数据库逻辑设计

1. 数据库应用结构设计

按照前文描述，将监控系统划分为两部分：基本模块和站点模块。

（1）后台管理模块：对应整个系统或监测中心，数据表包括管理员、用户、角色、权限等。

（2）排土场基本模块：企业信息、排土场信息、传感器基本信息、传感器组信息、服务器信息、预警级别信息、应急救援等。

（3）排土场动态数据模块：预警记录、各传感器采集数据

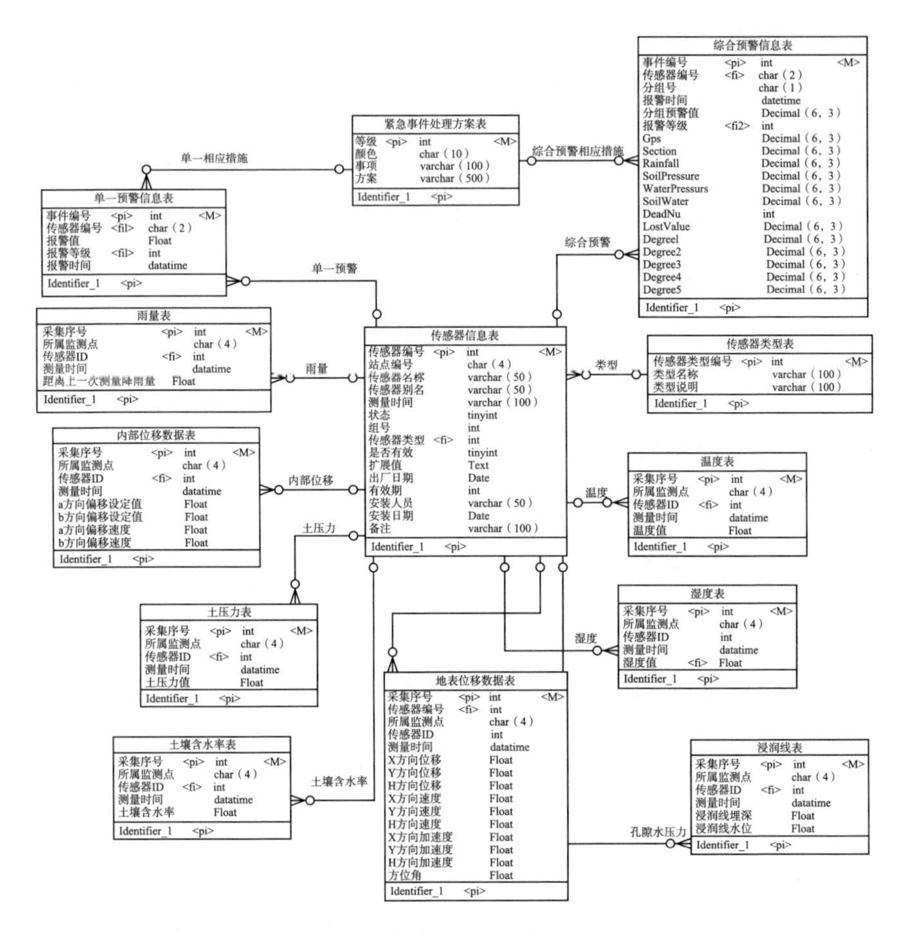

图 6-6 监测预警数据库的概念模型设计

记录。

在监测中心，一般用户登录后，能够浏览所有贵州排土场的地理分布和排土场监测信息。而管理员还可以管理用户信息及其权限、能够备份数据库、能够修改排土场基本信息。

2. 数据表设计

选用 SQL Server 2008 作为数据库管理系统，建立各类数据表，包括传感器信息表、内部位移数据表、土压力表、湿度表、地表位移数据表、降雨量表、土壤含水率表、浸润线表、温度表、传感器类型表、预警参数设定表、综合预警信息表、单一预警信息表、紧急事件处理方案表 14 个。地表位移数据表结构如表 6－3 所示。

表 6－3　地表位移数据表结构

序号	字段含义	字段名	类型长度	键别	空否	取值范围	缺省值	示例	备注
1	序号	ID	int		否				
2	站点序号	CropID	char（2）						
3	传感器序号	SensorID	int						
4	时间	Time	datatime						
5	X 方向位移	Disp_X	float						
6	Y 方向位移	Disp_Y	float						
7	H 方向位移	Disp_H	float						
8	X 方向速度	Velocity_X	float						
9	Y 方向速度	Velocity_Y	float						
10	H 方向速度	Velocity_H	float						
11	X 方向加速度	Acceler_X	float						
12	Y 方向加速度	Acceler_Y	float						
13	H 方向加速度	Acceler_H	float						
14	方位角	Azimuth	folat						

6.3.4　管理数据库逻辑设计

管理数据库数据表包括排土场基本信息表、排土场平台信息表、服务器数据表、系统信息表、系统应用表、系统事件表、系统用户在线表、系统字段表、系统字段内容表、用户分组信息表、系统模块表、系统角色权限表、系统用户角色表、系统用户表、系统用户应用表、系统角色表、系统模块扩展权限表17个。

排土场基本信息表结构如表6－4所示。

表6－4 排土场基本信息表结构

序号	字段含义	字段名	类型长度	键别	空否	取值范围	缺省值	示例	备注
1	编号	PtcId	char(2)	PK	否	01－99			
2	所属单位名称	CorpName	varchar(100)						
3	排土场名称	PtcName	varchar(100)						
4	排土场地址	PtcAddr	varchar(200)						
5	排土场经度	PtcLng	decimal(10，6)						
6	排土场纬度	PtcLat	decimal(10，6)						
7	排土场图片	PtcImage	varchar(300)						
8	排土场备注	PtcMemo	varchar(200)						

6.4 软件功能设计及实现

6.4.1 功能设计及界面设计的原则

1. 功能设计原则

功能设计的原则包括层次模块的划分原则和公用模块的划分原则。

（1）层次模块的划分原则。以软件架构设计为原则，通过调用和服务方式工作。上层调用下一层，下一层为上一层服务。总体的调用关系为：人机界面对象→业务模块→函数→数据库接口模块→数据库。

（2）公用模块的划分原则。公用模块指为众多功能所用而抽象出的若干模块，主要有数据校验、安全加密处理、数据库连接、数据库存储过程调用、邮件发送、短信发送、声光报警、网页弹窗处理、网页信息转换、出错处理等模块，一般以函数形式供其他专用模块调用。

2. 界面设计基本原则

（1）用户输入界面简洁明了、直观易懂。

（2）区分中心和企业两种类型的管控入口和主界面。

（3）以地图浏览方式展示排土场地理分布信息。

（4）以可视化技术展示数据变化趋势图。

（5）以数据表格方式显示数据查询结果，且能够翻页查询。

6.4.2 功能设计

1. 总体功能描述

系统的主要功能包括登录模块、系统管理模块、主界面展示模块、测点信息管理模块、数据远传模块、各类传感器数据监测模块、预警管理模块。

（1）登录模块：用户选择角色、输入登录信息后登录。

（2）系统管理模块：包括用户管理、角色管理、功能分配、数据字典、预警模型设置模块。

用户分为矿山企业用户和管理部门用户两个类型，每个类型又分为管理员和普通用户。矿山企业用户只能看到本矿山监测的数据，贵州省劳科院、中国劳动关系学院等管理部门用户可以看到四个矿山排土场的监测数据信息。用户在登录界面时可以识别用户角色。

（3）主界面展示模块：通过抽取最新数据和预警计算，以地图和可视化方式展示软件主界面。

（4）测点信息管理模块：对企业监测点和监测设备的参数与信息，能够进行管理和维护。对于现有的监测点和监测设备可以进行适当的增加和删除。

（5）数据远传模块：每隔半个小时，通过网络采集和传输排土场数据库中的监测数据。企业将这些数据及其预警结果保存到该企业独立的数据库中，实现长期存储和界面展示。监管中心则将每一路监测数据和预警结果都保存在中心的数据库中，实现长期存储和界面展示。

（6）数据监测模块：监测传感器包括地表位移、内部位移、降雨量、孔隙水压力、土压力、土壤含水率、温度和湿度8种。本模块针对每种传感器监测要求，能够按照日期范围实现数据的查询，同时能够以曲线图方式显示每种监测数据的变化趋势。

（7）预警管理模块：按照给定的预警方法实现预警，得到预警的等级判定。当单一预警指标超过给定的阈值，或综合预警达到不同等级时，能够以短信/邮件形式将警报发给管理员，也能够以声光形式发出警报给管理人员。报警等级以红、橙、黄、蓝四种颜色来显示相应级别。

2. 预警管理模块

预警管理必须按照预警算法进行，包括预警参数设置、单一指标预警、综合指标预警和应急救援功能。预警信息按照事件内容进行存储和显示，供用户浏览和查询。应急救援功能是在线提供必要的应急救援知识，供施救者和管理者参考。预警参数设置功能只授权给管理员，普通用户不具有该权限，而后面3个功能面向所有用户。

预警管理分为预警设置、预警计算和预警发布过程，有单一预警和综合预警两种类型，关联有预警参数表、单一预警信息表、综合预警信息表。在短信报警和邮件报警发布过程中，还会关联用户信息表。如图6－7所示。

预警管理的流程如图6－8所示。

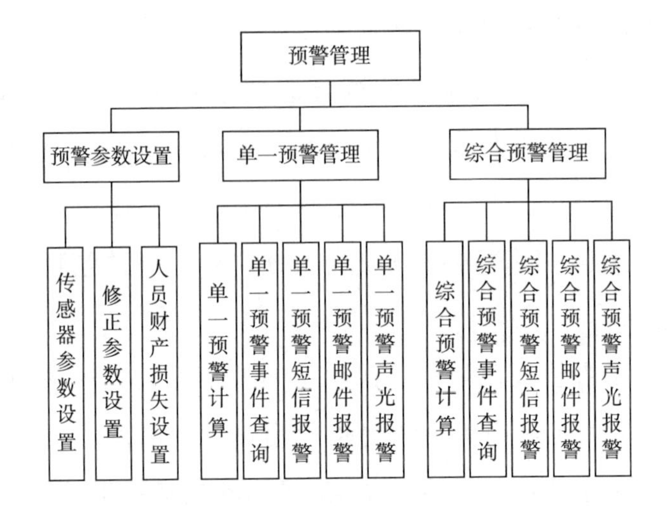

图 6－7 预警管理功能框

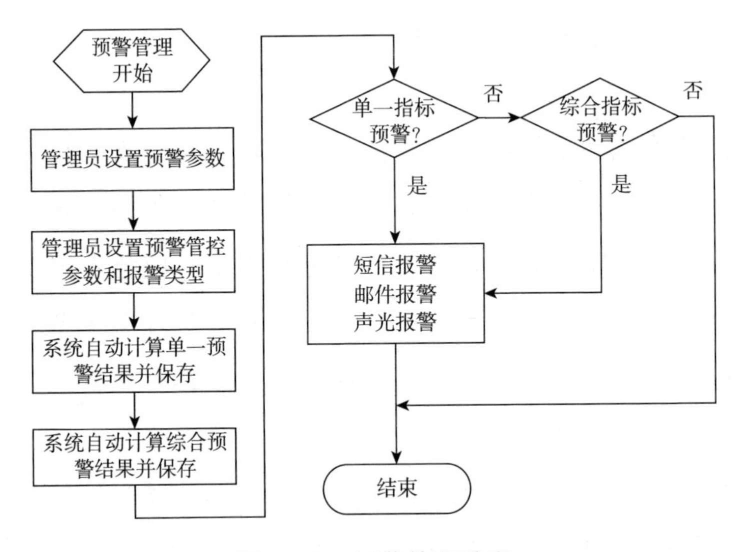

图 6－8 预警管理流程

（1）排土场的管理员，通过管理系统设置所有传感器的预警参数和修正参数。

（2）排土场的管理员，通过预警管控系统设置人员财务损失数据。

（3）排土场的管理员，设置定时时间、勾选单一预警计算和综合预警计算，勾选短信/邮件/声光报警发布类型后，启动预警工作。

（4）通过预警管控系统，按定时间隔自动计算地表位移、内部位移和降雨量三者的单一指标预警结果，并保存到“单一预警事件信息表”中。

（5）通过预警管控系统，按照可拓理论模型的预警算法，按定时间隔自动计算综合指标预警结果，并保存到“综合预警事件信息表”中。

（6）判断单一指标预警结果是否超过参数值。如果超过，则发出勾选项的报警；

（7）判断综合指标预警结果是否超过参数值。如果超过，则发出勾选项的报警。

3. 数据远传系统设计

排土场数据采集完成后，需要设计本地传输软件，将现场采集数据从 MySQL 数据库中抽取出来，实时存储到本系统的现场数据库 SQL Server 中。然后，通过监管中心的远传软件，将这些排土场的现场数据库数据远传到监测中心。前者是一对一关系，由于发生在本地，可靠性容易保证。后者是多对一关系，需要通过互联网传输，受网络环境影响较大，对可靠性设计要求也较高。下面重点分析中心数据远传系统设计要点。

要进行同批次多站点数据库访问的软件需要建立与底层数

据库（现场）与上层数据库（中心平台）的可靠连接，并且在相同周期内按批次依次进行数据的远程导入。其工作原理如图 6－9 所示。

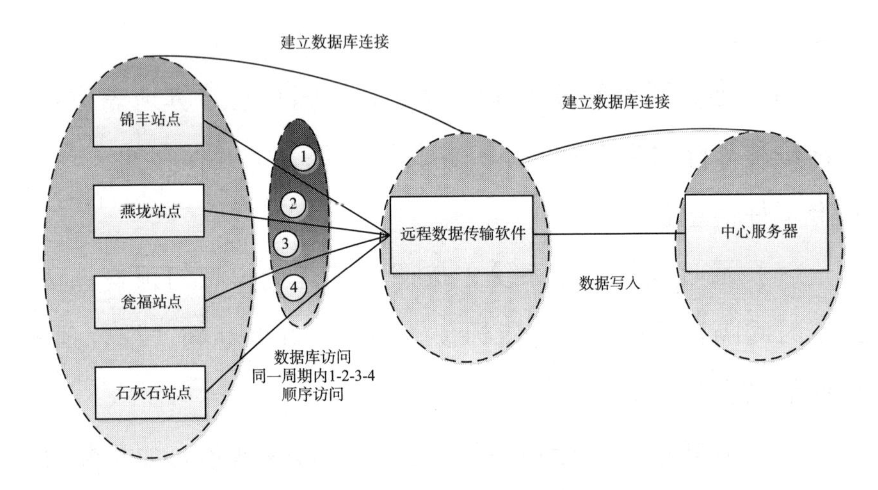

图 6－9　多路排土场数据远传系统的工作原理

具体实现过程包括：建立不同数据库之间的网络连接；进行周期性数据跨库传输；进行周期性数据库跨库存储。

4. 系统管理模块

系统管理模块用于管理系统的基本配置管理，供系统管理员使用，主要包括应用系统设置、系统功能架构设置、角色类型设置、用户类型设置、用户信息管理、用户功能权限分配，如图 6－10 所示。

该模块必须在系统应用之前使用，是系统其他模块的工作基础，必须在系统架构师的指导下设置。一旦设置完成，其他系统模块即可使用。该模块在今后可以继续追加内容。

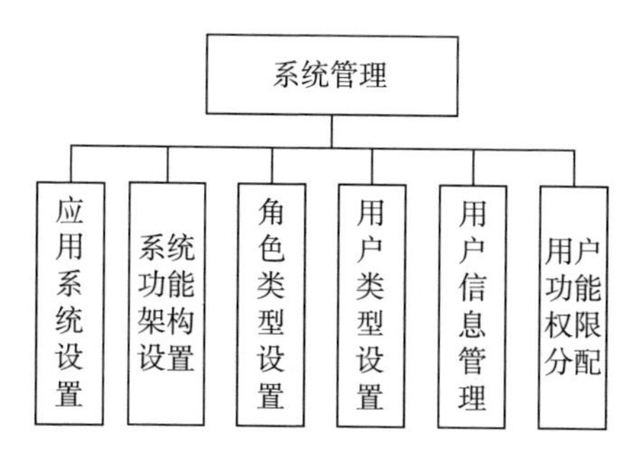

图 6－10　系统管理功能模块

5. 业务基础管理模块

业务基础模块用于管理系统的现场配置信息和数据库安全管理，供业务管理员使用，主要包括排土场及其平台管理、传感器组设置、数据库备份、预警参数设置、应急救援信息设置等，如图 6－11 所示。

该模块必须在系统配置完成之后、监测预警之前使用，是灾害监测预警管理系统的工作基础。

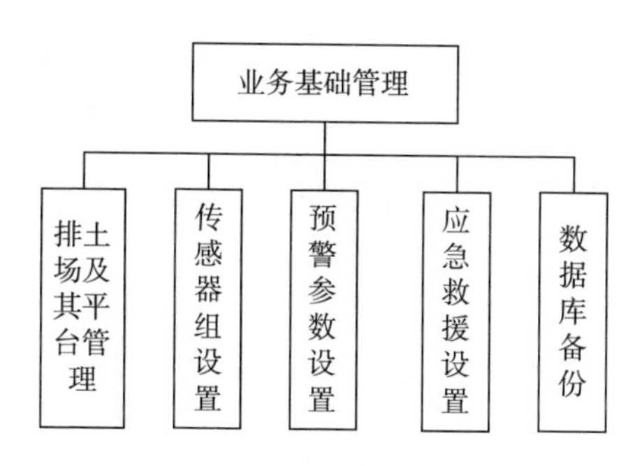

图 6－11　业务基础管理模块

6. 排土场数据监测模块

排土场数据监测模块属于业务管理，为各级用户提供排土场监测传感器数据查询与趋势变化展示。数据监测按照以下 8

类传感器采集值，实现数据查询和趋势变化展示：地表位移、内部位移、降雨量、孔隙水压力、土压力、土壤含水率、温度和湿度。

在数据查询中，用户能够给定查询日期范围，也能够上下翻页查询。同时，数据变化趋势以可视化动态图方式展示，用户能够查看变化过程。

每个排土场都安装了4个传感器组，每组都有3个内部位移监测传感器，按上中下等距布置，并显示其采集值。

综上所述，数据监测的主要功能如图6－12所示。

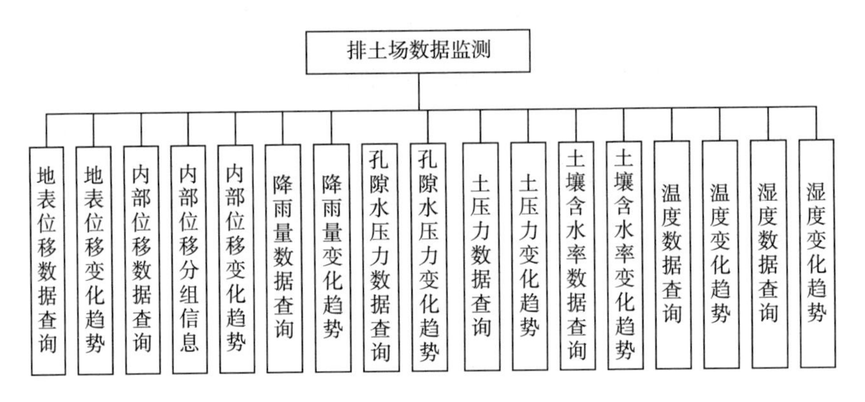

图6－12 排土场数据监测功能模块

7. 外部接口

本系统的外部接口包括：百度地图接口、短信接口、声光报警接口。短信接口要引用短信接口库GSMMODEM，声光报警设备需要通过USB口驱动，再通过调用Usb_Qu_write函数，驱动声光报警设备。

6.4.3　软件功能实现

实现软件功能要进行软件界面设计。前台界面的总体布局采用二分结构设计，即左侧为树状结构图，右栏是信息展示区。用户通过树状结构图选择具体功能链接后，右栏立即显示相关内容。下面举例说明界面的设计。

1. 监管中心的首页设计

监管中心的首页要体现全局化，显示所有排土场的地理分布，因此采用数字地图方式展示。主界面按照左右栏风格设计，左侧是功能导航区，右侧是信息显示区。

登录后，系统自动显示所选择工程项目的地理信息图。

用户通过选择左侧的导航功能后，右侧自动显示相应管理信息。进一步，管理员还能够对功能信息进行增加、删除和修改等操作。

2. 排土场主界面设计

进入排土场主界面，需要在内容区展示监测传感器的地理分布逻辑关系。一旦移动到某传感器上方，立即显示该监测点的最新数据。如图 6－13 所示。

3. 数据监测界面设计

以地表位移数据查询为例，如图 6－14 所示。界面以数据表格方式显示指定日期范围的数据，显示顺序为倒序，即先显示最新的数据。显示区的上方是查询条件，下方是数据翻页和跳转功能。

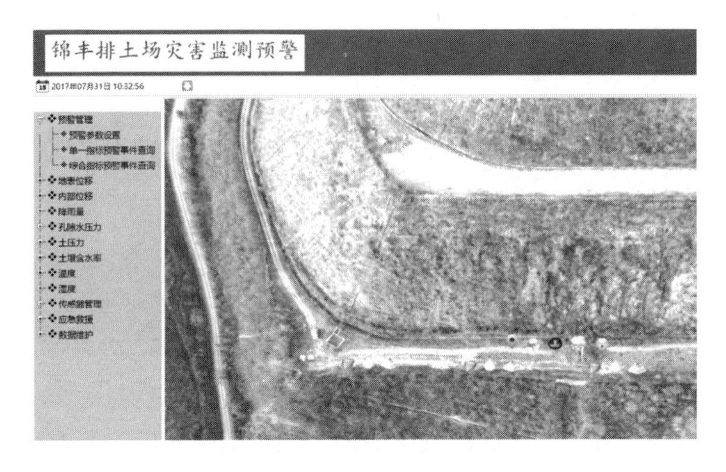

图 6－13　排土场主界面

表面位移数据管理

表面位移数据查询

开始日期：　结束日期：　传感器ID：所有ID　查询

序号	传感器ID	采集时间	位移X (mm)	位移Y (mm)	位移H (mm)	速度X (mm/d)	速度Y (mm/d)	速度H (mm/d)	加速度X	加速度Y	加速度H
17066	44	2017-10-09 22:40	-17.878	-0.711	2.637	-0.0002	-0.0001	-0.0034	0.0000	0.0013	-0.0042
17065	44	2017-10-09 22:40	-17.878	-0.711	2.637	-0.0002	-0.0001	-0.0034	0.0000	0.0013	-0.0042
17064	44	2017-10-09 22:40	-17.878	-0.711	2.637	-0.0002	-0.0001	-0.0034	0.0000	0.0013	-0.0042
17063	44	2017-10-09 22:40	-17.878	-0.711	2.637	-0.0002	-0.0001	-0.0034	0.0000	0.0013	-0.0042
17062	44	2017-10-09 22:40	-17.878	-0.711	2.637	-0.0002	-0.0001	-0.0034	0.0000	0.0013	-0.0042
17061	44	2017-10-09 22:40	-17.878	-0.711	2.637	-0.0002	-0.0001	-0.0034	0.0000	0.0013	-0.0042
17060	44	2017-10-09 22:40	-17.878	-0.711	2.637	-0.0002	-0.0001	-0.0034	0.0000	0.0013	-0.0042
17059	44	2017-10-09 22:40	-17.878	-0.711	2.637	-0.0002	-0.0001	-0.0034	0.0000	0.0013	-0.0042
17058	44	2017-10-09 22:40	-17.878	-0.711	2.637	-0.0002	-0.0001	-0.0034	0.0000	0.0013	-0.0042

图 6－14　排土场数据监测界面设计示例

4. 数据变化趋势图设计

数据变化趋势图基于可视化显示技术，采用 Echarts 组件。通过 AJax 和 JS 技术，将抽取的数据序列显示在网页界面上。

以地表位移为例，显示的曲线分别是 X 位移（北）、Y 位移（东）、H 位移（沉降）、矢量值、红警线、橙警线、黄警线、蓝警线等相应曲线，当值为负数时，代表朝向相反的方向。若 $X<0$，则为朝南的方向。如图 6－15 所示。

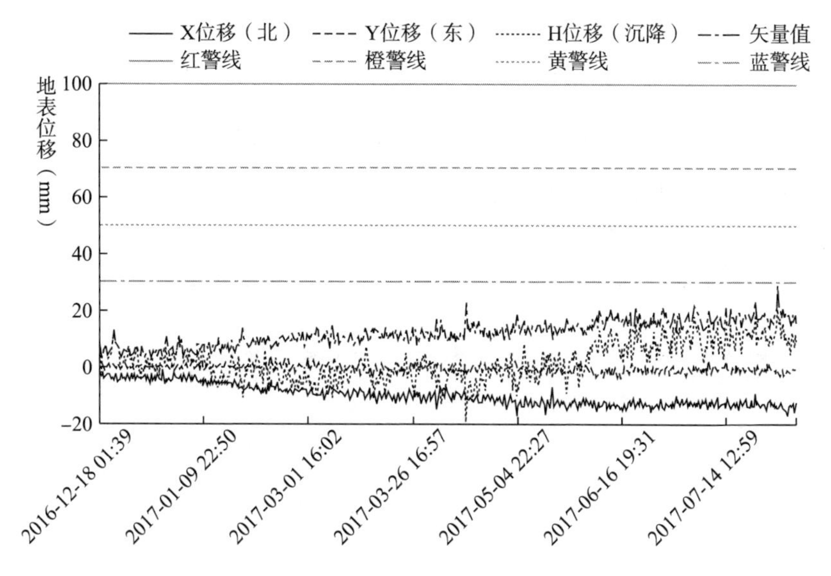

图 6－15　地表位移数据变化趋势图设计示例

5. 内部位移组数据查询界面设计

如图 6－16 所示，该界面显示的是每组的内部位移传感器信息，每幅图的三个点代表该组三个数据，如第一幅图的三个圆圈区域。

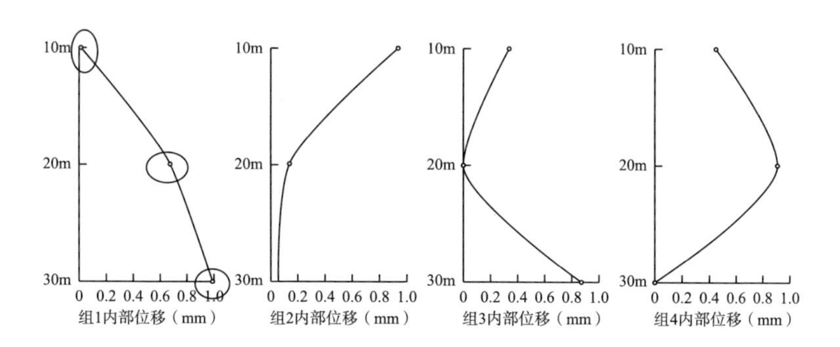

图 6－16　内部位移组数据显示界面设计

6. 预警参数阈值设置界面设计

预警参数设置功能属于管理员级别，能够修改和保存。为了便于设置，将各级预警等级的阈值一起设置，便于管理员对比检查。如图 6－17 所示。

预警参数设置

目前操作功能：红橙黄蓝4种限值设置

预警参数管理

排土场滑坡预警主指标:	红色低限	橙色低限	黄色低限	蓝色低限	指标权重
1 地表位移（mm）:	100	70	50	30	0.273
2 内部位移（mm）:	50	40	30	20	0.127
3 降雨量（mm）:	120	90	40	20	0.178
4 物料粘聚力（kPa）:	10	15	25	40	0.082
5 物料内摩擦角（°）:	20	25	30	35	0.072
6 台阶高度（m）:	50	40	30	20	0.053
7 平台宽度（m）:	5	10	15	20	0.045
8 孔隙水压力（kPa）:	6	5	4	3	0.103
9 内部应力（kPa）:	50	40	30	25	0.038
10 地震烈度:	8	7	6	4	0.029

排土场滑坡预警修正指标:

11 土壤含水量（%）: 当含水量大于等于: 20 %时，预警等级增加一个等级。

12 下游人员及财产情况: 可能造成: 1 人以上死亡或财产损失: 100 万元以上时，预警等级增加一个等级。

设置

图 6－17 预警参数阈值设置界面设计

第七章　矿山排土场灾害监测预警平台的建立

7.1　平台建立的意义

项目组先后完成了锦丰公司、中国铝业、瓮福集团3家矿山企业所属4个排土场的灾害监测预警系统的工程建设，但这3家企业的系统均为相对独立的系统，每次只能登录其中之一。因此，建立矿山排土场灾害监测预警平台，将4个排土场的监测预警数据汇总到统一的平台之上，具有如下意义：

（1）将分散的排土场汇总在一个平台上，可以对各排土场灾害监测预警的情况进行集中监控和整体展示，避免每次只能关注其中之一，而忽略其他排土场发生危险状况的风险；

（2）考虑后期成功推广的可能，会有更多的排土场建立灾害监测预警系统，如果全部进入平台，安全生产监督管理部门可以从平台上对企业排土场的安全状况进行监管；

（3）一定程度上起到对各排土场监测预警数据备份的作用。排土场的监测预警数据汇总到平台上进行集中监控和整体展示的背后，其实是对监测预警数据的存储，因此平台能一定程度上起到备份作用。

7.2 平台的建立

7.2.1 平台的目标

（1）通过 Internet 网络远程获取各排土场监测预警系统服务器上的监测预警数据。

（2）将获取的监测预警数据存储在平台上。

（3）各排土场灾害监测预警的情况进行集中监控和整体展示。

（4）通过 Internet 远程访问平台。

7.2.2 平台的组成

为实现上述平台目标，需要具备相应的硬件和软件支持，在满足现有需求的基础上考虑后期的扩展性，具体要求如表 7－1 和表 7－2 所示。

表 7－1　监测预警平台主要硬件设备及配置

序号	名称	配置	作用	数量
1	戴尔 PowerEdge R730 机架式服务器	1. 处理器：Xeon E5 － 2620 v4，2U； 2. 内存：32GB，可扩展至 384GB； 3. 存储：600GB × 3，可扩展至 8 块； 4. RAID 卡：H330，支持 RAID 0 \ 1 \ 5； 5. 电源：热插拔冗余电源（1 + 1），750W； 6. 操作系统：Windows Server 2012 R2；数据库管理软件：SQL Server 2012；杀毒软件：瑞星杀毒软件网络版	运行各类软件，远程获取并存储数据，集中监控和整体展示，提供远程访问功能	2
2	华为 S5720S 交换机	1. 24 个 10/100/1000Base － T 以太网端口，4 个 1000Base － X SFP 端口； 2. 传输速率：10/100/1000Mbps	数据网络传输	1
3	夏普电视大屏幕	1. 屏幕尺寸：60 英寸； 2. 分辨率：3840 × 2160	整体展示	1
4	联想台式电脑	1. 处理器：i7 － 7700； 2. 显卡：GTX1060 6GB DDR5； 3. 内存：16GB； 4. 硬盘：256GB 固态 + 2TB 机械	访问服务器，连接大屏进行操作和展示	1
5	山特 UPS 电源	1. 额定容量：19200W； 2. 输入电压：120 ~ 275VAC； 3. 输出电压：220VAC	为服务器提供不间断电源	1

表 7－2　监测预警平台主要软件及功能

序号	名称	作用	数量
1	Windows Server 2012 R2	服务器操作系统	2
2	远程数据传输	远程获取各排土场的监测预警数据	2

续表

序号	名称	作用	数量
3	SQL Server 2012	存储获取的监测预警数据	2
4	矿山排土场灾害监测预警管理系统	排土场灾害监测预警情况集中监控和整体展示	2
5	瑞星杀毒软件网络版	服务器安全防护	2

注：平台在过渡期间暂时不配置防火墙，在软件层面做好安全设置和防护。

此外，还需要一个独立的公网 IP（由电信或者移动等运营商分配的 Internet 上独占的网络访问地址），以便现场排土场的监测预警数据能够传输到平台上。

7.2.3 施工及安装调试

施工内容主要为监控中心的避雷网铺设及通信网络改造。避雷网铺设指平台各硬件设备用铜线连接大楼的避雷网；通信网络改造指将宽带专线（含公网 IP）接入办公室，并同交换机、服务器进行连接和设置。

安装调试主要为服务器、交换机、电视大屏幕等硬件设备和远程数据传输、数据库、监测预警管理系统等软件的安装调试，确保组建成完整的、有效运行的矿山排土场灾害监测预警平台。建成后的矿山排土场灾害监测预警平台如图 7-1 所示。

图 7－1　建成的矿山排土场灾害监测预警平台

7.3　平台功能的实现

7.3.1　远程数据传输、存储功能

通过“远程数据传输”软件，能够远程获取排土场的监测预警数据，目前我们能够获取项目合作的 3 家企业的 4 个排土场的数据，如图 7－2 所示。同时，能够将获取的数据存储到服务器上的 SQL Server 数据库内。

7.3.2　平台远程访问功能

通过在 Web 浏览器内输入平台的网址（如图 7－3 所示），输入相应的用户名和密码，可以从任何地点访问平台，及时了解平台上各排土场的安全状况，获取监测预警数据。

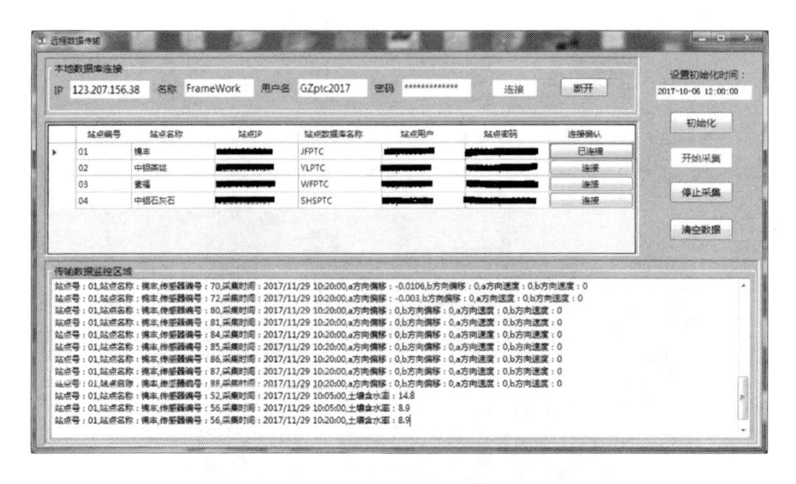

图 7－2　远程数据传输软件界面

图 7－3　通过 Web 远程访问平台

7.3.3　集中监控和整体展示功能

通过“矿山排土场灾害监测预警管理系统”软件和电视大

屏，能够对各排土场灾害监测预警的情况进行集中监控和整体展示，具体效果如图 7－4 所示，目前能够同时展示 4 个排土场。

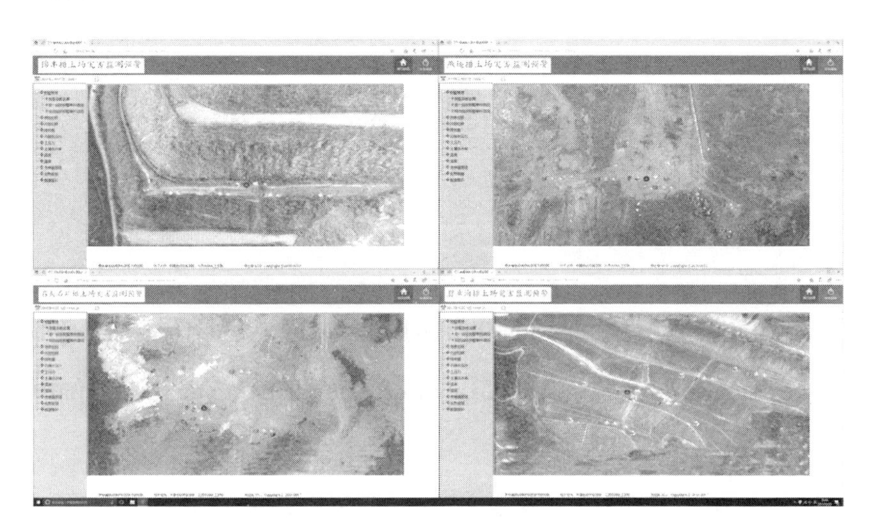

图 7－4 矿山排土场灾害监测预警平台 4 个排土场整体展示

参考文献

[1] Brand E. W. , "Landslide risk assessment in Hong Kong", Special Lecture at Proc 5th International Symposium on Landslides, 1998.

[2] 陈百炼、杨胜元、杨森林等:《基于 GIS 的地质灾害气象预警方法初探》,《中国地质灾害与防治学报》2005 年第 16 卷第 4 期。

[3] 刘传正:《中国地质灾害气象预警方法与应用》,《岩土工程界》2004 年第 7 期。

[4] 魏丽:《暴雨型滑坡灾害形成机理及预测方法研究》,博士学位论文,南京信息工程大学,2005。

[5] 李长江、麻土华、朱兴盛等:《区域群发性滑坡灾害概率预报系统》,《国土资源信息化》2005 年第 4 期。

[6] 李媛:《区域降雨型滑坡预报预警方法研究》,博士学位论文,中国地质大学,2005。

[7] Yong Hong, Hiromasa Hiura, Kazuo Shino etc. , "Assess-

ment on the Influence of Heavy Rainfall on the Crystalline Schist Landslide by Monitoring System-Case Study on Zentoku Landslide," *Earth and Environmental Science*, 2005, 2 (1): 31 –41.

[8] 金海元:《岩石高边坡监测预警综合评价方法研究》,《长江科学院院报》2011 年第 28 卷第 1 期。

[9] 李聪、姜清辉、周创兵等:《基于实例推理系统的滑坡预警判据研究》,《岩土力学》2011 年第 32 卷第 4 期。

[10] 李东升:《基于可靠度理论的边坡风险评价研究》,博士学位论文,重庆大学,2006。

[11] 陈胜波:《边坡工程失稳灾害预警系统的研究》,硕士学位论文,中南大学,2005。

[12] 林孝松:《山区公路边坡安全评价与灾害预警研究》,博士学位论文,重庆大学,2010。

[13] 谢旭阳、王云海、张兴凯等:《尾矿库区域预警指标体系的建立》,《中国安全科学学报》2008 年第 18 卷第 5 期。

[14] 马福恒、何心望、吴光耀:《土石坝风险预警指标体系研究》,《岩土工程学报》2008 年第 11 期。

[15] 陈红星、李法虎、郝仕玲等:《土壤含水率与土壤碱度对土壤抗剪强度的影响》,《农业工程学报》2007 年第 2 期。

[16] 郭亚军:《综合评价理论与方法》,科学出版社,2002。

[17] 蔡文:《物元分析》,广东高等教育出版社,1987。

[18] 谢全敏、夏元友：《岩体边坡稳定性的可拓聚类预测方法研究》，《岩石力学与工程学报》2003 年第 3 期。

[19] 王东耀、折学森、叶万军：《基于可拓工程法的黄土路堑边坡稳定性评价方法》，《地球科学与环境学报》2006 年第 3 期。

[20] 康志强、周辉、冯夏庭等：《大型岩质边坡岩体质量的可拓学理论评价》，《东北大学学报》（自然科学版）2007 年第 12 期。

[21] 王新民、康虔、秦健春等：《层次分析法－可拓学模型在岩质边坡稳定性安全评价中的应用》，《中南大学学报》（自然科学版）2013 年第 6 期。

[22] 李克刚、许江、李树春等：《基于可拓理论的边坡稳定性评价研究》，《重庆建筑大学学报》2007 年第 4 期。

[23] 王润生、李存过、郭立稳：《基于可拓理论的高陡边坡稳定性评价》，《矿业安全与环保》2008 年第 6 期。

[24] 谈小龙：《基于边坡位移监测数据的进化支持向量机预测模型研究》，《岩土工程学报》2009 年第 5 期。

[25] 杨玉中，冯长根，吴立云：《基于可拓理论的煤矿安全预警模型研究》，《中国安全科学学报》2008 年第 1 期。

[26] 姚韵、朱金福：《基于可拓关联函数的不正常航班管理预警模型》，《西南交通大学学报》2008 年第 1 期。

[27] 宋金玲、刘国华、王丹丽等：《基于可拓方法的职业危害控制水平预警模型》，《中国安全生产科学技术》2009 年

第 1 期。

[28] 郭德勇、郑茂杰、郭超等:《煤与瓦斯突出预测可拓聚类方法及应用》,《煤炭学报》2009 年第 34 卷第 6 期。

[29] 雷勋平、吴杨、叶松等:《基于熵权可拓决策模型的区域粮食安全预警》,《农业工程学报》2012 年第 6 期。

[30] 周英烈、史秀志、胡建华等:《基于可拓学物元模型的矿山紧急避险能力评价研究》,《安全环境学报》2013 年第 1 期。

[31] 龙祖坤、王微:《基于可拓预警模型的 G 酒店绩效管理研究》,《怀化学院学报》2014 年第 9 期。

[32] 严爱军、柴天佑、王普:《基于案例推理的竖炉故障预报系统》,《控制与决策》2008 年第 2 期。

[33] 常春光、李婉、刘亚臣等:《基于涌现驱动型案例推理的建筑生产重大事故预警方法研究》, 2013 中国工程管理论坛, 2013。

[34] 严军、倪志伟、王宏宇等:《案例推理在汽车故障诊断中的应用》,《计算机应用研究》2009 年第 10 期。

[35] 柳炳祥、盛昭瀚:《一种基于案例推理的欺诈分析方法》,《控制与决策》2003 年第 4 期。

[36] 刘小龙、唐葆君、邱菀华:《基于灰色关联的企业危机预警案例检索模型研究》,《中国软科学》2007 年第 8 期。

[37] 李清、刘金全:《基于案例推理的财务危机预测模型研究》,《经济管理》2009 年第 6 期。

[38] 赵卫东、盛昭瀚、杜雪寒：《基于神经网络的案例推理医疗诊断》，《东南大学学报》（自然科学版）2003 年第 3 期。

[39] 杨健、马小兰、杨邓奇：《基于案例推理的中医诊疗专家系统》，《微型电脑应用》2008 年第 2 期。

[40] 李锋刚、倪志伟、郜峦：《基于案例推理和多策略相似性检索的中医处方自动生成》，《计算机应用研究》2010 年第 2 期。

[41] 郑雄、袁宏永、邵荃：《城市火灾案例库辅助决策方法的研究》，《消防科学与技术》2009 年第 4 期。

[42] 廖振良、刘宴辉、徐祖信：《基于案例推理的突发性环境污染事件应急预案系统》，《环境污染与防治》，2009 年第 1 期。

[43] 龚玉霞，王殿华：《基于案例推理的食品安全突发事件风险预警系统探索》，《食品科技》2012 年第 7 期。

[44] 张清，田伟涛：《隧道支护经验设计系统》，中国岩石力学与工程学会第三次大会，北京，1994 年 5 月 1 日。

[45] 姚建国：《WWW 与基于事例推理（CBR）的岩土工程智能 CAD》，《岩石力学与工程学报》2000 年第 z1 期。

[46] 刘沐宇：《基于范例推理的边坡稳定性智能评价方法研究》，博士学位论文，武汉理工大学，2001 年。

[47] 赵洪颖：《高台阶排土场安全控制技术的研究》，硕士学位论文，北方工业大学，2012。

[48] 龙虎荣:《露天矿山排土场灾害分析与防治措施》,《矿冶工程》2010 年第 30 卷第 1 期。

[49] 佴磊、徐燕、代树林编:《边坡工程》,科学出版社,2010。

[50] 孙书伟、林杭、任连伟:《FLAC3D 在岩土工程中的应用》,中国水利水电出版社,2011。

[51] 陈育民、徐鼎平:《FLAC/FLAC3D 基础与工程实例》,中国水利水电出版社,2009。

[52] 陈飞、杨诗义、王家成等:《用 ANSYS 和 FLAC3D 软件求解边坡稳定安全系数的比较分析》,《水利与建筑工程学报》2010 年第 1 期。

[53] 王运敏、项宏海:《排土场稳定性及灾害防治》,冶金工业出版社,2011。

[54] 傅能武:《GPS 在紫金山金铜矿排土场边坡监测中的应用》,《现代矿业》2014 年第 9 期。

[55] 李青石、李庶林、陈际经:《试论尾矿库安全监测的现状和前景》,《中国地质灾害与防治学报》2011 年第 22 卷第 1 期。

[56] 张德政、陈方明、宋锋:《排土场在线监测与智能预测管理系统》,第三届全国数字矿山高新技术成果交流会,辽宁丹东,2014。

[57] 邱宇、徐文彬、周玉新:《我国冶金矿山排土场研究现状及展望》,《金属矿山》2016 年第 9 期。

[58] 王艳飞、李科:《磁海露天铁矿排土场监测方法探讨》,《新疆钢铁》2013 年第 3 期。

[59] 谢振华:《基于 GPS 的矿山排土场滑坡监测预警技术》,《矿山工程》2017 年第 1 期。

[60] 幸贞雄、谢振华:《基于案例推理的露天矿山排土场滑坡事故预警方法研究》,《工业安全与环保》2016 年第 7 期。

[61] 孟宪虎:《大型数据库管理系统技术、应用与实例分析——基于 SQL Server》,电子工业出版社,2016。

[62] 李涛、沈江:《基于多传感器信息融合的自然灾害预警模型研究》,《电子科技大学学报》2015 年第 1 期。

[63] 丁宝成:《煤矿安全预警模型及应用研究》,博士学位论文,辽宁工程技术大学,2010。

[64] 闫东方:《可拓层次分析法及其应用》,硕士学位论文,大连海事大学,2012。

[65] 刘建、郑双忠、邓云峰等:《基于 G1 法的应急能力评估指标权重的确定》,《中国安全科学学报》2006 年第 16 卷第 1 期。

[66] 幸贞雄、徐明智、周训兵等:《贵州矿山排土场安全现状及对策分析》,《化工矿物与加工》2016 年第 10 期。

[67] 栾婷婷、谢振华、吴宗之:《露天矿排土场滑坡的可拓评价预警》,《中南大学学报》(自然科学版)2014 年第 4 期。

[68] 谢振华、窦培谦:《基于 BP 神经网络的矿山排土场滑坡预警模型》,《金属矿山》2017 年第 6 期。

[69] 王广月、崔海丽、李倩:《基于粗糙集理论的边坡稳定性评价中因素权重确定方法的研究》,《岩土力学》2009 年第 8 期。

[70] 袁晓芳:《基于案例推理的煤矿瓦斯预警支持系统研究》,硕士学位论文,西安科技大学,2009。

[71] Ermini L., Catani F., Casagli N., "Artificial neural networks applied to landalide susceptibility assessment," *Geomorphology*, 2005: 327 – 343.

[72] Neaupane K. M., Achet S. H., "Use of back propagation neural network for landslide monitoring: a case study in the higher Himalaya," *Engineering Geology*, 2004, 74: 213 – 226.

[73] 李昆仲:《基于 RBF 神经网络的边坡稳定性评价研究》,硕士学位论文,长安大学,2010。

[74] 张德丰:《MATLAB 神经网络应用设计》,机械工业出版社,2012。

[75] Liao T., Wang F., "Global Stability for Cellular Neural Networks with Time Delay," *IEEE Transaction on Neural Networks*, 2000, 11 (6): 1481 – 1484.

[76] Shiu, S. C. K., Sankar K. Pal, "Case-Based Reasoning: Concepts, Features and Soft Computing," *Applied Intelli-*

gence, 2004, 20 (2), 92 – 99.

[77] 谢振华、何娜、栾婷婷等:《露天矿山排土场滑坡灾害预警技术》,《中国安全生产科学技术》2013 年第 9 期。

[78] R. T. , Mclvor, P. K. , Humphreys, "A cace-based reasoning approach to the make or buy decision," *Integrated Manufacturing Systems*, 2000, 11 (5): 295 – 310.

[79] 谢振华:《露天矿山排土场灾害监测系统和预警方法的应用与发展》,《露天采矿技术》2017 年第 1 期。

[80] 李春葆、刘圣才、张植民:《Visual Basic 程序设计》,清华大学出版社,2005。

[81] 谢振华:《矿山排土场灾害监测预警管理系统开发及应用》,《工业安全与环保》2018 年第 11 期。

[82] 董湘龙、庹先国、王洪辉等:《滑坡监测预警研究及工程应用》,《金属矿山》2012 年第 12 期。

[83] 汪海滨、李小春、米子军等:《排土场空间效应及其稳定性评价方法研究》,《岩石力学与工程学报》2011 年第 10 期。

[84] 阚生雷、孙世国、李晓芳:《排土场滑坡与泥石流灾害控制技术与方法》,《岩土工程技术》2010 年第 5 期。

[85] 马锐:《人工神经网络原理》,机械工业出版社,2015。

图书在版编目(CIP)数据

灾害监测预警技术及其应用 ：矿山排土场典型分析 / 谢振华，幸贞雄著. -- 北京 ：社会科学文献出版社，2022.6
（中国劳动关系学院学术论丛）
ISBN 978 -7 -5228 -0058 -5

Ⅰ. ①灾… Ⅱ. ①谢… ②幸… Ⅲ. ①排土场 - 矿山安全 - 监测系统 - 预警系统 - 研究 Ⅳ. ①TD7

中国版本图书馆 CIP 数据核字（2022）第 078347 号

中国劳动关系学院学术论丛
灾害监测预警技术及其应用
——矿山排土场典型分析

著　　者 / 谢振华　幸贞雄

出 版 人 / 王利民
组稿编辑 / 任文武
责任编辑 / 张丽丽　方　丽
责任印制 / 王京美

出　　版 / 社会科学文献出版社（010）59367143
地址：北京市北三环中路甲 29 号院华龙大厦　邮编：100029
网址：www. ssap. com. cn
发　　行 / 社会科学文献出版社（010）59367028
印　　装 / 三河市龙林印务有限公司

规　　格 / 开　本：787mm × 1092mm　1/16
印　张：16. 25　字　数：167 千字
版　　次 / 2022 年 6 月第 1 版　2022 年 6 月第 1 次印刷
书　　号 / ISBN 978 -7 -5228 -0058 -5
定　　价 / 88. 00 元

读者服务电话：4008918866